Matemática financeira

COLEÇÃO PRÁTICAS DE GESTÃO

Série
Finanças

Matemática financeira

Rodrigo Leone

Direitos desta edição reservados à
Editora FGV
Rua Jornalista Orlando Dantas, 37
22231-010 I Rio de Janeiro, RJ I Brasil
Tels.: 0800-021-7777 I 21-3799-4427
Fax: 21-3799-4430
editora@fgv.br I pedidoseditora@fgv.br
www.fgv.br/editora

Impresso no Brasil I *Printed in Brazil*

Revisão de originais: Sandra Frank
Projeto gráfico e editoração eletrônica: Flavio Peralta / Estudio O.L.M.
Revisão: Fatima Caroni e Sandro Gomes
Capa: aspecto:design
Imagem da capa: © Rui G. Santos I Dreamstime.com

Ficha catalográfica elaborada pela
Biblioteca Mario Henrique Simonsen/FGV

Leone, Rodrigo José Guerra

Matemática financeira / Rodrigo Leone. — Rio de Janeiro : Editora FGV, 2012.
128 p. — (Práticas de gestão. Série Finanças)

Inclui bibliografia.
ISBN: 978-85-225-0979-9

1. Matemática financeira. I. Fundação Getulio Vargas. II. Título. III. Série.

CDD – 650.01513

Sumário

Apresentação

Este livro faz parte da Coleção Práticas de Gestão, coletânea das disciplinas que compõem os cursos superiores de Tecnologia da Fundação Getulio Vargas, oferecidos a distância pelo FGV Online.

A FGV é uma instituição de direito privado, sem fins lucrativos, fundada em 1944, com o objetivo de ser um centro voltado para o desenvolvimento intelectual do país, reunindo escolas de excelência e importantes centros de pesquisa e documentação focados na economia, no direito, na matemática, na administração pública e privada, bem como na história do Brasil.

Nesses mais de 60 anos de existência, a FGV vem gerando e transmitindo conhecimentos, prestando assistência técnica a organizações e contribuindo para um Brasil sustentável e competitivo no cenário internacional.

Com espírito inovador, o FGV Online, desde sua criação, marca o início de uma nova fase dos programas de educação continuada da Fundação Getulio Vargas, atendendo não só aos estudantes de graduação e pós-graduação, executivos e empreendedores, como também às universidades corporativas que desenvolvem projetos de *e-learning*, e oferecendo diversas soluções de educação a distância, como videoconferência, TV via satélite com IP, soluções *blended* e metodologias desenvolvidas conforme as necessidades de seus clientes e parceiros.

Desenvolvendo soluções de educação a distância a partir do conhecimento gerado pelas diferentes escolas da FGV – a Escola Brasileira de Administração Pública e de Empresas (Ebape), a Escola de Administração de Empresas de São Paulo (Eaesp), a Escola de Pós-Graduação em Economia (EPGE), a Escola de Economia de São Paulo (Eesp), o Centro de Pesquisa e Documentação de História Contemporânea do Brasil (Cpdoc), a Escola de Direito do Rio de Janeiro (Direito Rio), a Escola de Direito de São Paulo (Direito GV), o Instituto Brasileiro de Economia (Ibre) e a Escola de Matemática Aplicada (eMap), o FGV Online é parte integrante do Instituto de Desenvolvimento Educacional (IDE), criado em 2003, com o objetivo de coordenar e gerenciar uma rede de distribuição única para os produtos e serviços educacionais produzidos pela FGV.

Em parceria com a Ebape, o FGV Online iniciou sua oferta de cursos de graduação a distância em 2007, com o lançamento do Curso Tecnológico em Processos Gerenciais. Em 2011, o curso obteve o selo CEL – teChnology-Enhanced Learning Accreditation – da *European Foundation for Management Development* (EFMD), certificação internacional baseada em uma série de indicadores de qualidade. Hoje, a graduação a distância oferecida pelo FGV Online é a única no mundo a ter sido certificada pela EFMD-CEL.

Em 2012, o portfólio de cursos superiores a distância aumentou significativamente. Além do Curso Superior de Tecnologia em Processos Gerenciais, novos cursos estão sendo oferecidos: Curso Superior de Tecnologia em Gestão Comercial, Curso Superior de Tecnologia em Gestão Financeira, Curso Superior de Tecnologia em Gestão Pública, Curso Superior de Tecnologia em Gestão de Turismo, Curso Superior de Tecnologia em Marketing.

Ciente da relevância dos materiais e dos recursos multimídia em cursos a distância, o FGV Online desenvolveu os livros que compõem a Coleção Práticas de Gestão com o objetivo de oferecer ao estudante e a outros possíveis leitores conteúdos de qualidade, trabalhados com o objetivo de proporcionar uma leitura fluente e confortável.

A coleção foi elaborada com a consciência de que seus volumes ajudarão o leitor – que desejar ou não ingressar em uma nova e enriquecedora experiência de ensino-aprendizagem, a educação a distância (EAD) – a responder, com mais segurança, às mudanças tecnológicas e sociais de nosso tempo, bem como em suas necessidades e expectativas profissionais.

Prof. Clovis de Faro
Diretor do Instituto de
Desenvolvimento Educacional

Prof. Flávio Vasconcelos
Diretor da Ebape – FGV

Prof. Carlos Osmar Bertero
Diretor acadêmico do Instituto
de Desenvolvimento Educacional

Prof. Stavros Panagiotis Xanthopoylos
Diretor executivo do FGV Online

Capítulo 1

Operação financeira

Neste primeiro capítulo, abordaremos os conceitos básicos que envolvem uma operação financeira e discutiremos questões como o prazo da operação, a taxa de juros e o período de capitalização dos juros de investimentos, financiamentos e empréstimos. Destacaremos, ainda, as fórmulas usadas para cálculo dos juros em diferentes situações e entenderemos o que são capitais equivalentes a juros simples e compostos. Ao longo do capítulo analisaremos os diferentes cenários no momento do financiamento de uma compra, de modo a sermos capazes de calcular os juros e, consequentemente, fazendo as escolhas mais acertadas. Para começar, apresentaremos o diagrama de fluxos de caixa como um recurso fundamental para que haja o perfeito entendimento da operação.

Diagrama de fluxos de caixa (DFC)

Para representar graficamente uma operação financeira, opta-se pelo uso do diagrama de fluxos de caixa (DFC). Esse diagrama é unidimensional e é formado por um eixo escalonado. A elaboração do DFC facilita o raciocínio e auxilia a interpretação dos resultados. No eixo escalonado, as divisões são períodos de tempo (dia, mês, ano):

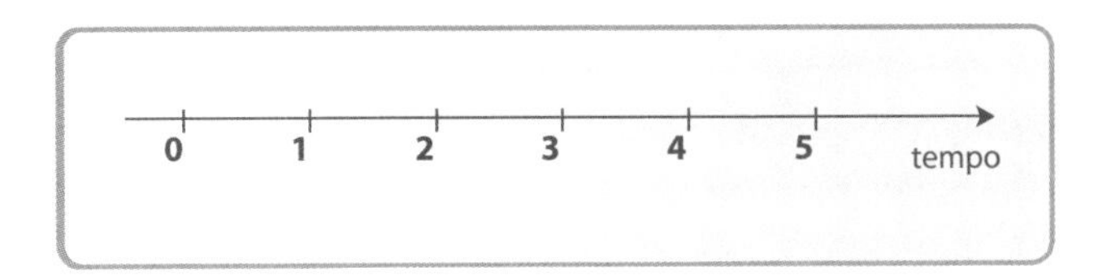

Os fluxos de caixa são inseridos em forma de setas, obedecendo aos seguintes critérios:

Fluxos positivos de caixa
São entradas de caixa ou embolsos, recebimentos, captações, empréstimos recebidos e receitas. São representados por setas acima do eixo, as quais apontam para cima.

Fluxos negativos de caixa
São saídas de caixa ou desembolsos, pagamentos, investimentos, empréstimos concedidos e despesas. São representados por setas abaixo do eixo, as quais apontam para baixo.

O diagrama de fluxos de caixa a seguir representa uma entrada de caixa na data 4:

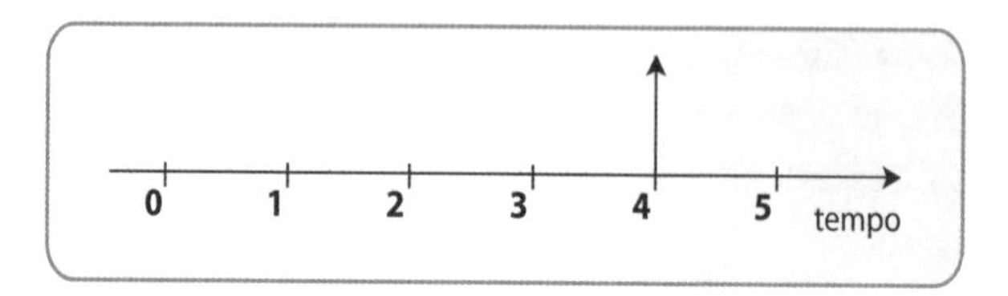

O próximo diagrama representa uma saída de caixa na data *2* e outra na data *5*.

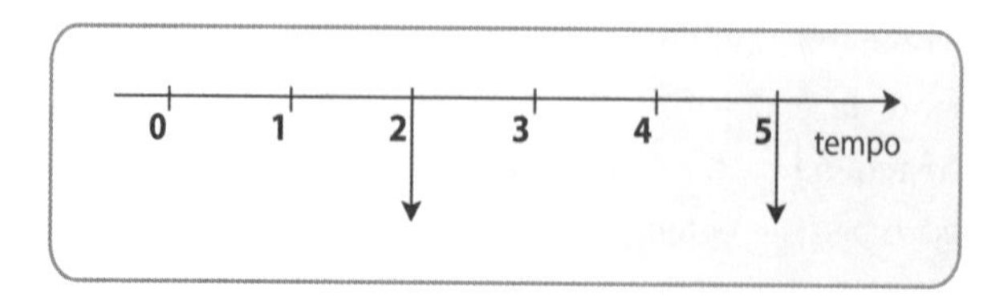

O diagrama de fluxo de caixa a seguir representa uma entrada de caixa daqui a *três* meses:

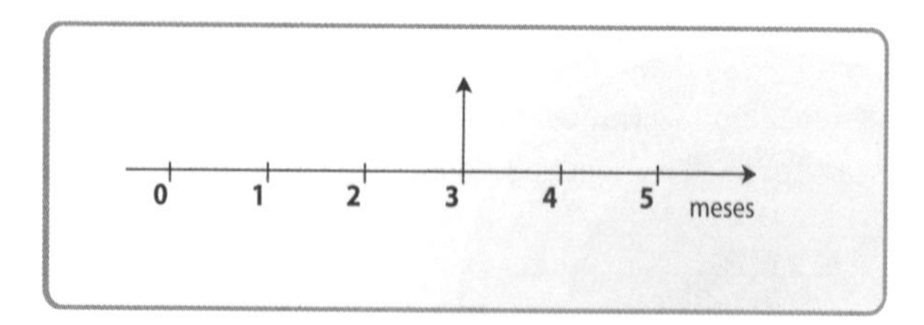

A escala de tempo já está identificada com uma escala mensal. Dessa forma, identifica-se a data *daqui a três meses* como a data *3* do diagrama, pois é costume considerar a data *0* a data de hoje. É importante lembrar que:

- a data *3* não significa o mês *3*, mas o final do mês *3*;
- a data *1* significa o final do primeiro período; a data *0* significa o início do primeiro período. O espaço da data *0* à data *1* é o primeiro período;
- a data *2* significa o final do segundo período e a data *1* é o início do segundo período;
- o espaço entre as datas *1* e *2* é o segundo período.

A data *1* pode ser entendida tanto como o fim do período *1*, quanto como o início do período 2. Abaixo, a representação de um DFC com as seguintes características:

- uma aplicação de R$ 100 feita hoje;
- recebimentos no final do primeiro, do segundo e do terceiro meses de R$ 15, a título de remuneração;
- resgate do valor original ao final do quarto mês.

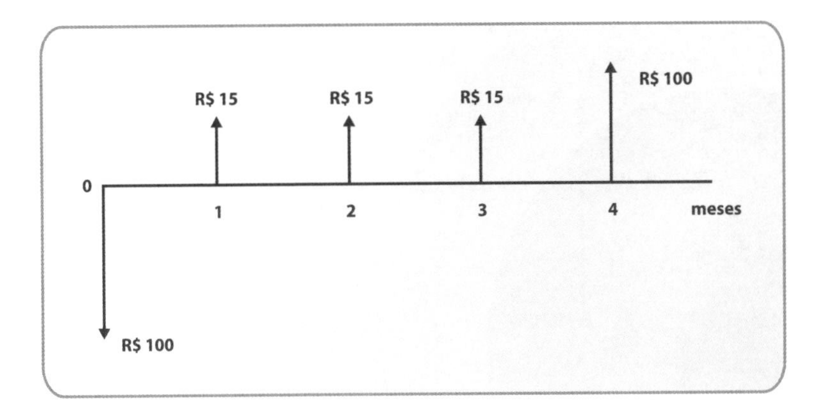

Nesse momento, destacam-se os seguintes pontos:

Ponto 0 (zero)	O valor aplicado está posicionado na data *0*.
Ponto 1	A seta da data *1* representa a remuneração daqui a um mês.
Ponto 2	A seta da data *2* representa a remuneração daqui a dois meses.
Ponto 3	A seta da data *3* representa a parcela de remuneração depois de três meses.
Ponto 4	A última seta, da data *4*, representa o resgate do valor aplicado.

Se, em um mesmo período, houver uma entrada e uma saída de caixa, pode-se representar esse fluxo de duas maneiras:

- indicar o fluxo positivo com uma seta para cima e o fluxo negativo com uma seta para baixo, como de costume;
- indicar a resultante com uma seta no sentido do fluxo de maior valor absoluto.

EXEMPLO

Uma entrada de R$ 400 e uma saída de R$ 500 na mesma data seriam indicadas por uma única seta de R$ 100 apontando para baixo.

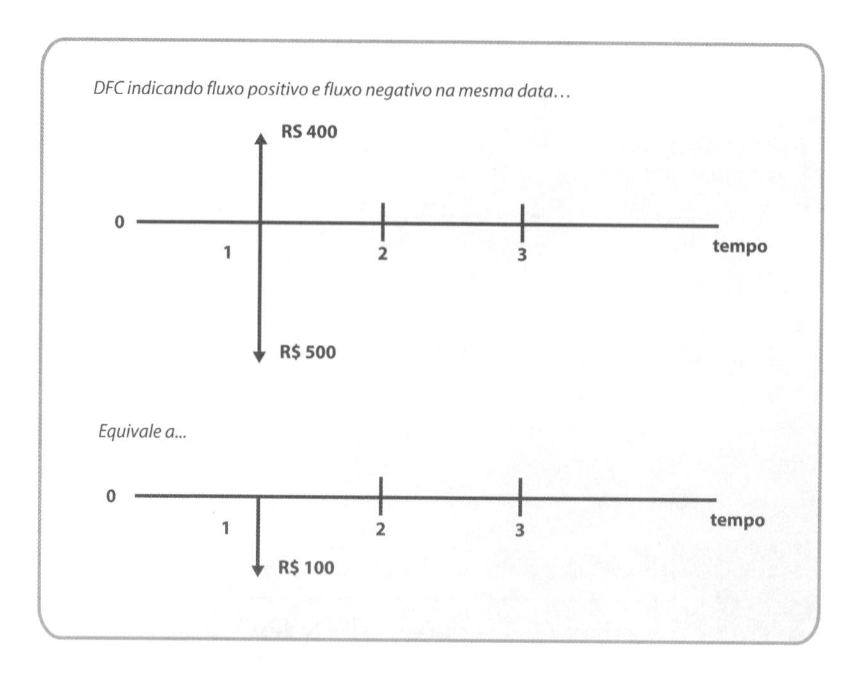

Prazo

CONCEITO-CHAVE

O prazo de uma operação financeira é sua duração total. Mais precisamente, é o tempo decorrido entre a data do primeiro fluxo de caixa e a data do último fluxo de caixa.

EXEMPLO

O sr. José efetuou a compra de um carro por *Y* reais, financiando-o em *36* meses, com entrada de *20%* do valor total. Qual é o prazo dessa operação? Essa operação tem um prazo de *três* anos – ou seja, 3 x 12 = *36* meses.

Existe um primeiro fluxo de *20%* do valor do carro na data de hoje, que se considera data *0*. Existe também um último fluxo – última prestação – ao final de *36* meses. Geralmente, esse primeiro fluxo é chamado de *entrada*. Graficamente, representa-se a operação da compra do carro com o seguinte DFC:

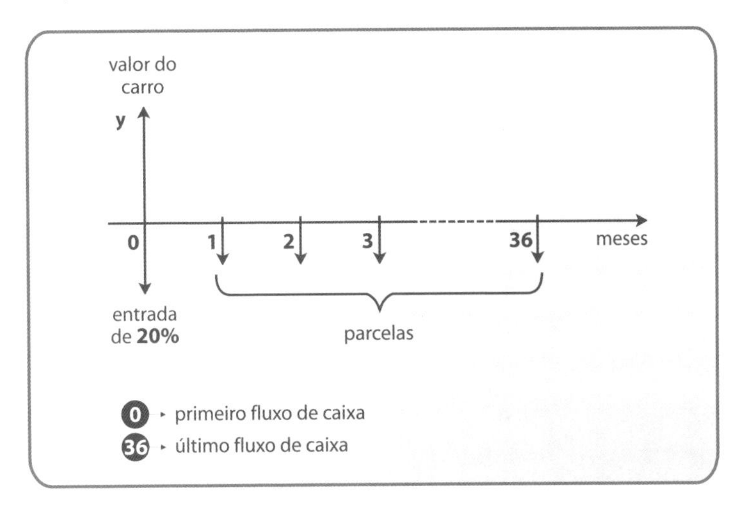

Tanto a entrada de *20%* – *20%* de *y* – quanto o valor total do carro – *y* – estão posicionados na data *0*. As *36* parcelas são representadas por *36* setas, da data *1* à data *36*. É importante lembrar que:

- a seta da data *1* representa a parcela de daqui a um mês;
- a seta da data *2* representa a parcela de um mês depois da primeira parcela;
- a seta da data *3* representa a parcela de um mês após a segunda parcela, e assim por diante.

Se o sr. José efetuasse a compra sem entrada, não haveria desembolso na data *0*. O primeiro desembolso aconteceria ao final do primeiro mês, na data *1*. O último desembolso aconteceria na data *36*. Porém, mesmo assim, o prazo continuaria de *36* meses, uma vez que levar o carro para casa é considerado um fluxo de caixa e acontece na data *0*.

COMENTÁRIO

O carro deve ser considerado um fluxo de caixa, mesmo que em forma de um bem.

ASSIM, no caso de uma compra sem entrada, o primeiro fluxo de caixa aconteceria na data *0*, e o último, na data *36*. O prazo da operação é de *36* meses.

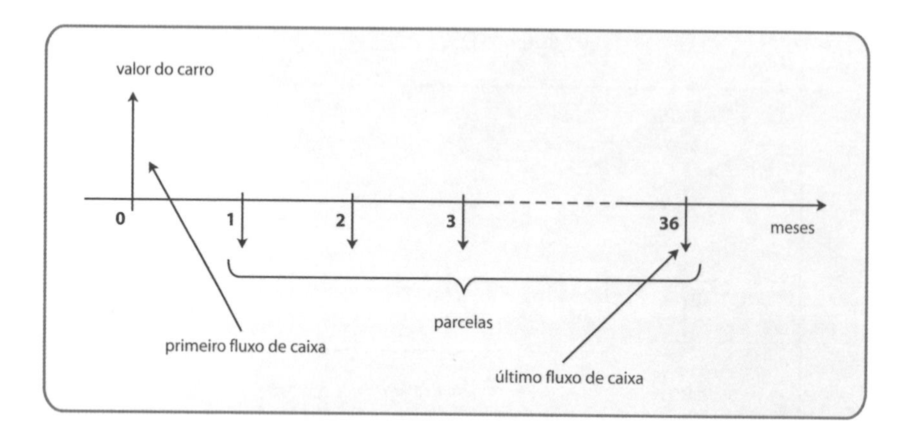

EXEMPLO

O sr. Joaquim decide poupar certa quantia, a partir de hoje. Ele pretende, com isso, retirar *R$ 20.000* daqui a *um* ano. Essa operação tem prazo de *um* ano, independentemente do número de depósitos.

A operação financeira (poupança) começa com o primeiro fluxo de caixa, ou seja, o primeiro depósito na data de hoje (data *0*) e termina com a retirada na data *12*. Agora, suponha que o sr. Joaquim efetue depósitos mensais. Dessa forma, seriam *12* depósitos durante o ano:

- primeiro na data *0*.
- último na data *11*.

A representação do prazo no caso da poupança é a seguinte:

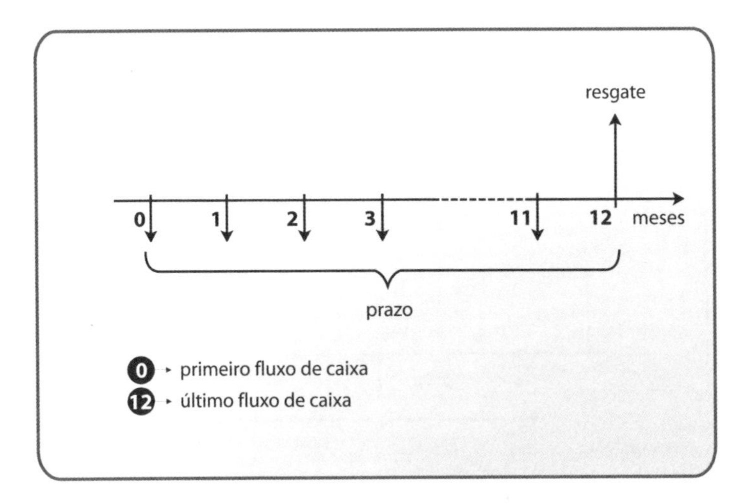

O último depósito mensal – não o último fluxo de caixa – acontece na data *11*, um mês antes da retirada. Não faz sentido supor que o último depósito aconteça na mesma data da retirada (data *12*). Para efeito de prazo, não importa se o sr. Joaquim efetuou, ao longo do ano, *40* depósitos em datas aleatórias. O importante é que o primeiro depósito seja efetuado na data *0*; afinal, a operação começa na data *0*. Além disso, o último depósito deve ser efetuado na data *11*, pois a operação acaba com o resgate na data *12*. O que acontece no meio dessas datas não influencia o prazo da operação. O prazo só leva em conta o primeiro e o último fluxos, como ilustrado a seguir:

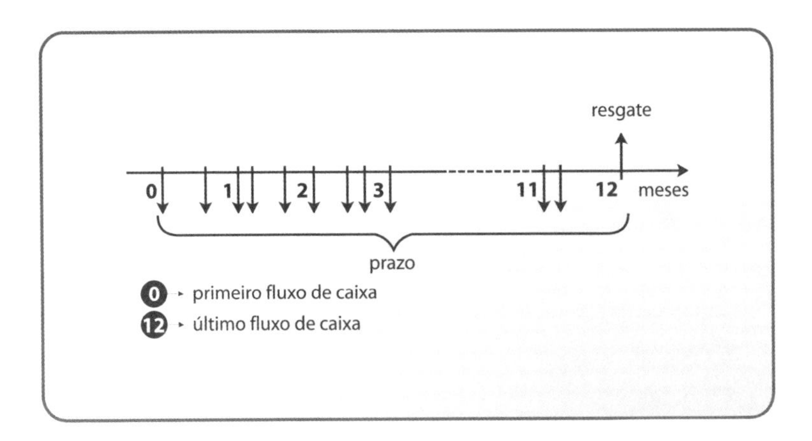

Valor presente (VP ou PV) é a quantia equivalente ao valor monetário da operação na data inicial da operação. O PV é também chamado de *principal*, *valor disponível* e *valor realizável*. No caso do sr. José, o valor presente da operação com entrada é o *valor do carro menos 20%*. No caso da operação sem entrada, o valor presente é o *valor do carro*, como mostra o diagrama apresentado a seguir:

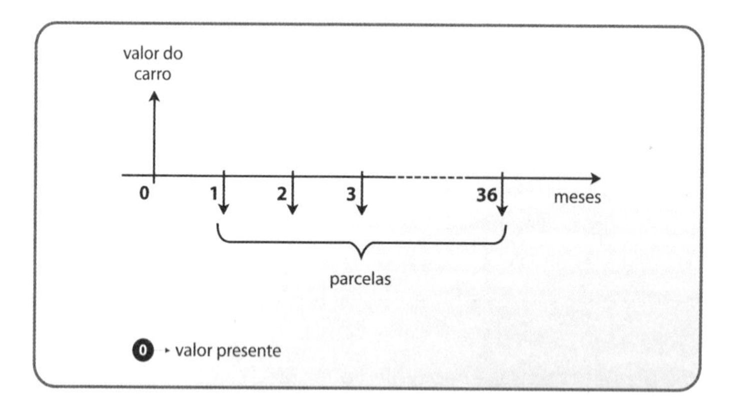

Já o *valor futuro* (VF ou FV) é a quantia equivalente ao valor monetário da operação no final do prazo da operação (data final). O FV é também chamado de *valor realizado* e de *montante*. No caso do sr. Joaquim, o valor futuro é igual à quantia acumulada no final do ano, ou seja, após *12* depósitos mensais. Veja ilustração:

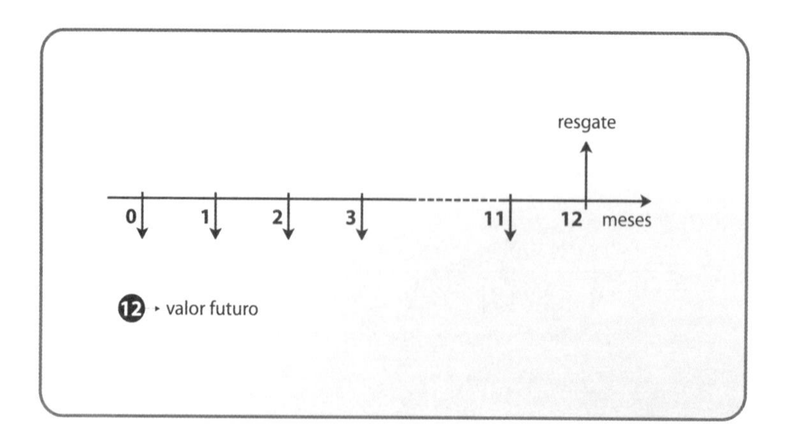

No caso do sr. José, a última parcela paga no financiamento do carro não é o valor futuro da operação. Não é o valor futuro porque não é a quantia equivalente ao valor presente (PV, valor do carro) na data final da operação.

COMENTÁRIO

Não se deve confundir o valor presente da operação com o fluxo de caixa da data *0*. Nem se pode confundir o valor futuro da operação com o fluxo de caixa da data final da operação. Algumas vezes, o valor presente pode ser o primeiro fluxo de caixa, mas isso não é obrigatório. Outras vezes, o valor futuro pode ser o último fluxo de caixa, mas isso tampouco é obrigatório.

Juros

CONCEITO-CHAVE

Juros são a remuneração paga pelo uso do dinheiro (PV, capital) durante um intervalo de tempo, calculados por uma taxa de juros.

Destaca-se, agora, a definição de juros simples (J), acompanhada de exemplos e usando as seguintes notações:

- n = prazo da operação;
- i = taxa de juros da operação;
- PV = valor presente;
- FV = valor futuro;
- J = juros.

Para todos os exemplos, considera-se o ano comercial:

- um ano = 360 dias;
- um mês = 30 dias.

Para todos os exemplos, utiliza-se a fórmula:
$FV = PV \times (1 + i \times n)$

Em alguns dos exemplos, precisa-se somente dos juros, aqui chamados de J.

CONCEITO-CHAVE

Os juros são a remuneração paga pelo uso do PV durante um tempo, calculados por uma taxa, conhecida como taxa de juros. Naturalmente, o valor futuro pode ser entendido como o valor presente acrescido dos juros. Ou, ainda:

$J = FV - PV$

Dessa forma:

$J = PV \times (1 + i \times n) - PV$

$J = PV + PV \times i \times n - PV$

$J = PV \times i \times n$

Sendo, no caso do sr. Joaquim, a taxa de aplicação oferecida pelo banco $i = 12\%$ ao mês (a.m.) $= 12/100 = 0,12$.

COMENTÁRIO

No regime de juros simples, a HP-12C funciona como uma calculadora comum, não sendo necessário o uso de uma calculadora financeira ou do Excel.

EXEMPLO

Um banco oferece uma taxa de *12% a.m.* no regime de juros simples em suas aplicações. Calcula-se quais os juros e qual o capital formado em uma aplicação de R$ 60.000 por dois meses:

- a taxa de aplicação oferecida pelo banco (i) = 12% a.m. = 12/100 = 0,12;
- valor presente (PV) = 60.000;
- prazo (n) = dois meses.

Como a taxa de juros i e o prazo n estão na mesma unidade, não é preciso maior cuidado para se encontrar o valor futuro (FV). O capital formado na aplicação em dois meses é encontrado da seguinte forma:

$FV = PV + PV \times i \times n$

$FV = 60.000 + 60.000 \times 0,12 \times 2$

$FV = 60.000 + 14.400$

$FV = 74.400$

Assim, o capital formado seria de *R$ 74.400* e os juros iguais a *R$ 14.400*.

EXEMPLO

Também se pode calcular o valor futuro para outros períodos – como no caso de um valor futuro para *n = 36 dias*. Primeiramente, seria necessário uniformizar as unidades. Para converter o prazo de *36 dias* em *meses*, basta usar uma regra de três simples:

1 mês = 30 dias

x mês = 36 dias.

Multiplicando em diagonal, tem-se:

$30x = 36 \times 1$

Isolando o *x* da equação:

$x = 36/30 = 12/10 = 6/5 = 1{,}2$ *mês.*

Portanto:

$FV = PV \times (1 + i \times n)$

$FV = 60.000 \times (1 + 12\% \times 1{,}2)$

$FV = 60.000 \times (1 + 0{,}12 \times 1{,}2)$

$FV = 60.000 \times (1 + 0{,}144) =$

$60.000 \times (1{,}144) = 68.640.$

O capital formado seria de *R$ 68.640.*

Agora, qual seria a taxa de juros mensal que transformaria uma aplicação de *R$ 300* em *R$ 450* após *cinco* meses? Assim, temos:

- valor presente (*PV*) = *300;*
- valor futuro = (*FV*) = *450;*
- prazo (*n*) = *cinco meses.*

Para saber a taxa de juros *i* utilizando *n* = 5 na fórmula, a resposta *taxa de juros i* virá em unidade mensal, para acompanhar a unidade do prazo.

Assim:

$FV = PV \times (1 + i \times n)$

$450 = 300 \times (1 + i \times 5)$

$450/300 = 1 + 5 \times i$

$1{,}5 = 1 + 5 \times i$

$0{,}5 = 5 \times i$

$i = 0{,}5/5$

$i = 0{,}1$

$i = 10\%$ *a.m.*

Em um prazo de *cinco* meses, a taxa de juros deveria ser de *10% a.m.*

EXEMPLO

Agora, calculando para saber a taxa de juros mensal que transformaria uma aplicação de *R$ 300* em *R$ 450* após *75* dias, tem-se o seguinte:

Utilizando $n = 75$ na fórmula, a resposta *taxa de juros* virá em unidade diária, para acompanhar a unidade do prazo. Utiliza-se, mais uma vez, uma regra de três simples. Desse modo:

1 mês = 30 dias;

x mês = 75 dias.

Multiplicando em diagonal, obtém-se:

$30x = 75 \times 1$

Isolando o x:

$x = 75/30 = 2,5$ *meses.*

Aplicando a fórmula:

$FV = PV + PV \times i \times n$

$450 = 300 + 300 \times i \times 2,5$

$450 = 300 + 750 \times i$

$450 - 300 = 750 \times i$

$150 = 750 \times i$

$i = 150/750$

$i = 0,2.$

Calculando:

$i = 0,2 = 0,2 \times 100 = 20\%$ *a.m.*

Portanto, em um prazo de *75* dias, a taxa de juros deveria ser de *20% a.m.*

COMENTÁRIO

Se quiser a resposta *taxa de juros* em unidade mensal, é interessante que mude a unidade do prazo.

EXEMPLO

Após ter aplicado à taxa de *9%* a.m. por *36* dias, um investidor resgatou *R$ 50.968*. Dessa forma, calcula-se, agora, qual o valor que, originalmente, esse investidor aplicou:

- taxa de juros (i) = 9% a.m. = 9/100 = *0,09*;
- prazo (n) = *36 dias*;
- valor futuro (FV) = *50.968*.

Para se saber o valor presente deve-se uniformizar as unidades da taxa de juros e do prazo, transformando os dias em meses. Novamente trata-se de uma regra de três simples:

1 mês = 30 dias

x mês = 36 dias

$30x = 1 \times 36$

$x = 36/30$

x = 6/5 mês = *1,2*.

Substituindo na fórmula:

$FV = PV \times (1 + i \times n)$

$50.968 = PV + PV \times 0{,}09 \times 1{,}2$

$50.968 = PV + PV \times 0{,}108$

$50.968 = PV + 0{,}108\ PV$

$50.968 = 1{,}108\ PV$

$PV = 50.968/1{,}108$

$PV = 46.000$

O valor aplicado inicialmente por esse investidor foi de *R$ 46.000.*

Para se avaliar melhor essa questão seria necessário entender o conceito de capitais equivalentes a juros simples.

Nos fluxos de caixa a seguir, pode haver equivalência ou não. Para que se possam comparar esses fluxos de caixa, precisa-se de uma base para comparação, de uma referência. A primeira referência seria a taxa de juros, para poder deslocar os fluxos ao longo do eixo do tempo.

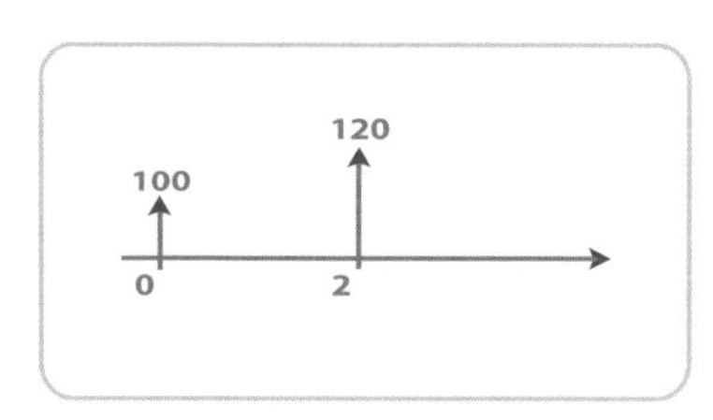

Em seguida, a data focal – data de referência. Para testar se esses dois fluxos são equivalentes e em que data especial, são necessárias a taxa de juros e a data focal. Suponha-se que a taxa de juros seja de *10% a.m.* e que a data focal esteja no ponto *2*. Avaliar se os dois fluxos de caixa são equivalentes nessa data significa levar:

- o fluxo de caixa da data *0* para a data *2*;
- o fluxo de caixa da data *2* para a data *2* – nesse caso, nada precisa ser feito, já que o fluxo está na data *2*.

O fluxo de caixa *100* da data *0* valerá, na data *2*:

- $FV = PV + PV \times i \times n$
- $FV = 100 + 100 \times 0,1 \times 2$
- $FV = 100 + 20$
- $FV = 120$

Vale lembrar que 10% = 10/100 = 0,1. O fluxo de caixa *120*, na data *2*, vale *120*. Portanto, esses fluxos de caixa são equivalentes na data focal *2* para uma taxa de *10% a.m.*

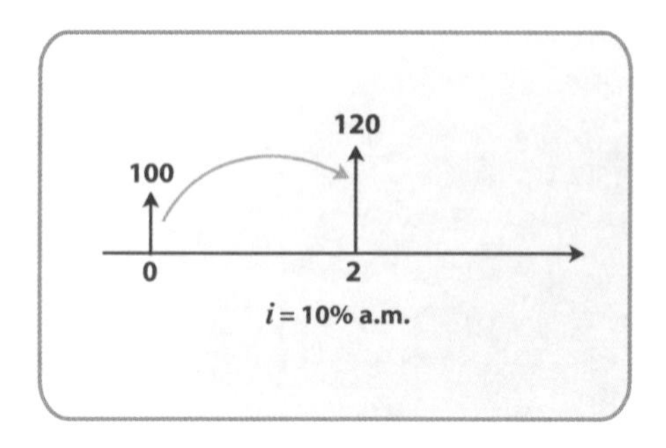

Se a taxa de juros fosse de *15% a.m.*, mantendo-se a data focal no ponto *2*, avaliar a equivalência entre esses dois fluxos de caixa significaria levar:

- o fluxo de caixa da data 0 para a data 2;
- o fluxo de caixa da data *2* para a data *2* – mais uma vez, nada precisa ser feito, já que o fluxo está na data *2*.

O transporte do fluxo de qualquer data para a data focal é feito com base na taxa de juros informada. O fluxo de caixa *100* da data *0*, na data *2* valerá:

$FV = PV + PV \times i \times n$

$FV = 100 + 100 \times 0,15 \times 2$

$FV = 100 + 30$

$FV = 130$

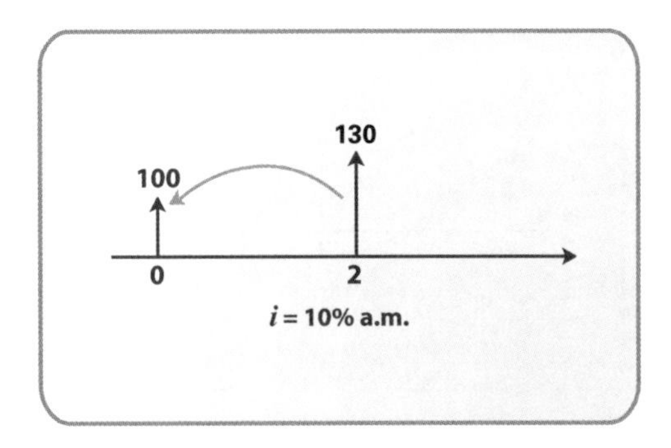

Esses fluxos de caixa, portanto, não são equivalentes na data focal *2* para uma taxa de *15% a.m.*

COMENTÁRIO

Basta a taxa de juros mudar para que os fluxos deixem de ser equivalentes na mesma data focal em que eram equivalentes para outra taxa.

Voltando à taxa de juros igual a *10% a.m.*, considere, porém, que a data focal esteja no ponto *0*. Avaliar se esses dois fluxos de caixa são equivalentes nessa data significa levar:

- o fluxo de caixa da data *0* para a data *0* – o que não precisa ser feito, pois o fluxo já está lá;
- o fluxo de caixa da data *2* para a data *0*, com base na taxa de juros desejada.

O fluxo de caixa *100* na data *0* vale *100*. Já o fluxo de caixa *120* da data *2* valerá, na data *0*:

$FV = PV \times (1 + i \times n)$
$120 = PV \times (1 + 10\% \times 2)$
$120 = PV \times (1 + 0{,}1 \times 2)$
$120 = PV \times 1{,}2$
$PV = 120/1{,}2 = 100$

Esses fluxos de caixa, portanto, também são equivalentes na data focal *0* para uma taxa de *10% a.m.*

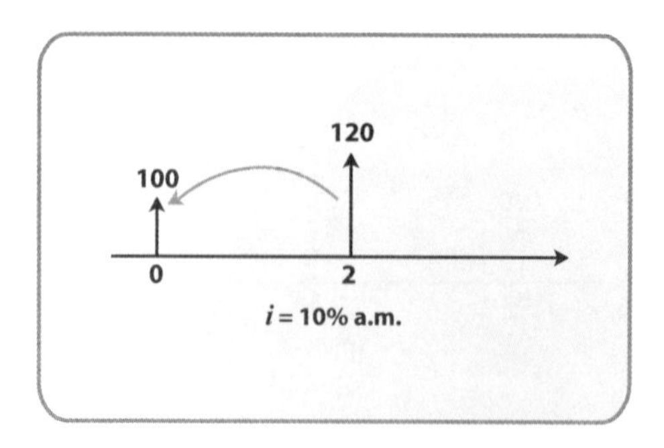

Considerando, finalmente, que a taxa de juros seja igual a *10% a.m.* e que a data focal esteja no ponto *1*, avaliar se esses dois fluxos de caixa são equivalentes nessa data significa levar:

- o fluxo de caixa da data *0* para a data *1*;
- o fluxo de caixa da data *2* para a data *1*, por meio da taxa de juros desejada.

O fluxo de caixa *120* da data *2*, na data *1*, vale:

$FV = PV + PV \times i \times n$

$120 = \text{PV} + \text{PV} \times 0{,}1 \times 1$

$120 = \text{PV} + \text{PV} \times 0{,}1$

$120 = \text{PV} + 0{,}1\ \text{PV}$

$120 = 1{,}1\ \text{PV}$

$120/1{,}1 = \text{PV}$

$109{,}09 = \text{PV}$

$PV = 109{,}09$

Esses fluxos de caixa, portanto, não são equivalentes na data focal *1* para uma taxa de *10%* a.m. O fato de os fluxos de caixa serem equivalentes nas datas focais *0* e *2* não garante que eles sejam equivalentes em qualquer data focal.

COMENTÁRIO

No regime de juros compostos, ser equivalente em uma data focal garante a equivalência em qualquer outra.

EXEMPLO

Será que os fluxos de caixa 100 e 120 são equivalentes na data focal *4* para uma taxa de juros de 10% ao mês?

Para verificar essa equivalência, é preciso levar ambos os fluxos para a data 4:

O fluxo de caixa da data *0* terá o seguinte valor na data focal *4*:

$FV = PV + PV \times i \times n$

FV = 100 + 100 × 10% × 4

$FV = 100 + 40 = 140$

O fluxo de caixa da data 2 terá o seguinte valor na data focal *4*:

$FV = PV + PV \times i \times n$

FV = 120 + 120 × 10% × 2

$FV = 120 + 24 = 144$

Portanto, os fluxos 100 da data 0 e 120 da data 2 não são equivalente na data 4 para uma taxa de 10% ao mês.

Juros do cheque especial

Qual o total dos juros cobrados, durante o mês de abril, de um cliente que tenha apresentado o extrato ilustrado a seguir? Nos dias que não aparecem destacados na tabela, não houve movimentação, isto é, o saldo em conta-corrente se manteve inalterado. Sabe-se que a taxa de juros cobrada pelo *banco ABC* para utilização do cheque especial é de *9%* a.m.

Data	Descrição	Valor	Saldo
1/4	Saldo anterior		–500,00
5/4	Crédito de salário	2.000,00 C	1.500,00
7/4	Cheque nº 14774	1.300,00 D	200,00
11/4	Cheque nº 14775	900,00 D	–700,00
19/4	Depósito	500,00 C	–200,00
25/4	Cheque nº 14776	700,00 D	–900,00
1/5	Saldo final		–900,00

Do dia 1/4 ao dia 5/4
Prazo de *4 dias = 4/30 mês = 0,134* e saldo negativo de *R$ 500.* $J = PV \times i \times n$ J = 500 × 9% × 0,133 J = 500 × 0,09 × 0,133 $J = 6$

Do dia 5/4 ao dia 7/4
Prazo de *2 dias = 2/30 mês* e saldo positivo de *R$ 1.500.* *J = R$ 0*

Do dia 7/4 ao dia 11/4
Prazo de *4 dias = 4/30 mês* e saldo positivo de *R$ 200.* *J = R$ 0*

Do dia 11/4 ao dia 19/4
Prazo de *8 dias = 8/30* mês e saldo negativo de *R$ 700.* $J = PV \times i \times n$ J = 700 × 9% × 0,267 J = 700 × 0,09 × 0,267 *J = R$ 16,821*

Do dia 19/4 ao dia 25/4
Prazo de *6 dias = 6/30 mês = 0,2* e saldo negativo de *R$ 200.* $J = PV \times i \times n$ J = 200 × 9% × 0,2 J = 200 × 0,09 × 0,2 *J = R$ 3,60*

Do dia 25/4 ao dia 1/5
Prazo de *6 dias = 6/30 mês = 0,2* e saldo negativo de *R$ 900.* $J = PV \times i \times n$ J = 900 × 9% × 0,2 J = 900 × 0,09 × 0,2 *J = R$ 16,20*

Dessa forma, o total de juros cobrados durante o mês de abril foi de:
J = 6,03 + 16,82 + 3,60 + 16,20 = 42,65.

Juros compostos

CONCEITO-CHAVE

Juro composto é o regime de capitalização em que o juro é incorporado ao capital principal ao final de cada período, passando também a render juros. Esse regime é chamado de capitalização composta.

Para todos os casos aqui tratados, será considerado o ano comercial:

- 1 ano = 360 dias;
- 1 mês = 30 dias.

COMENTÁRIO

Os exemplos vistos aqui podem ser resolvidos por meio de três recursos diferentes:

- fórmula;
- HP-12C;
- Excel.

A resolução de todos os exemplos relativos a juros compostos passa pela seguinte fórmula:

$FV = PV \times (1 + i)^n$

Naturalmente, essa fórmula serve para os casos em que, no exercício, são dados:

- o valor presente (PV);
- a taxa de juros (i);
- o prazo da operação (n).

Para resolver os problemas em que a incógnita não é mais o valor futuro, são feitas alterações na fórmula $FV = PV \times (1 + i)^n$. Desse modo, isola-se a nova incógnita de um dos lados da igualdade. Suponha-se que tenham sido fornecidos:

- o valor futuro;
- a taxa de juros;
- o prazo da operação.

A partir da fórmula $FV = PV \times (1 + i)^n$, obtém-se o seguinte valor presente:

$PV = FV/(1 + i)^n$ ou $PV = FV \times (1 + i)^{(-n)}$. Dividir por $(1 + i)^n$ é o mesmo que multiplicar por $(1 + i)^{(-n)}$.

Suponha-se, agora, que tenham sido fornecidos:

- o valor presente (*PV*);
- o valor futuro (*FV*);
- o prazo da operação (*n*).

A partir da fórmula $FV = PV \times (1 + i)^n$, obtém-se a seguinte taxa de juros (*i*):

$FV/PV = (1 + i)^n$

$(FV/PV)^{(1/n)} = 1 + i$

$i = (FV/PV)^{(1/n)} - 1$

É importante lembrar que:

$$(FV/PV)^{(1/n)} = \sqrt[n]{\frac{FV}{PV}}$$

Suponha-se, finalmente, que tenham sido fornecidos:

- o valor presente (*PV*);
- o valor futuro (*FV*);
- a taxa de juros (*i*) da operação.

Assim determina-se o prazo (*n*):

A partir da fórmula
$FV = PV \times (1 + i)^n$, obtemos...

$FV/PV = (1 + i)^n$
$\ln (FV/PV) = \ln (1 + i)^n$
$\ln (FV/PV) = n \ln (1 + i)$
$n = \ln (FV/PV)/\ln (1 + i)$

Ou ainda, usando logaritmo neperiano....

$$n = \frac{\ln \left(\frac{FV}{PV}\right)}{\ln \ (1 + i)}$$

Para calcular o prazo posicionado no expoente de $(1 + i)$, foi preciso usar a seguinte propriedade de logaritmos:

$\log_B A^n = n \log_B A$, onde B é a base do logaritmo e A é o logaritmando.

Desse modo:

$log_{10} (1 + i)^n = n\, log_{10}(1 + i)$

$ln\, (1 + i)^n = n\, ln\, (1 + i)$

Nesse caso, tanto faz a base *10*, a base neperiana ou qualquer outra base.

Logaritmos

Sejam a e b dois números reais positivos, com a diferente de 1. O logaritmo de b na base a é o expoente de a tal que a potência resultante seja igual a b.

Logaritmando

Resultado da base elevada ao logaritmo.

Base neperiana

Nome dado à base do logaritmo quando esta é igual ao número neperiano (e = 2, 7183, aproximadamente).

EXEMPLO

Se um banco oferece uma taxa de 3% a.m., qual é o valor resgatado a partir da aplicação de R$ 15.000 por quatro meses na taxa oferecida?

- o valor presente (*PV*) = 15.000;
- a taxa de juros (*i*) = 3% a.m. = 3/100 = 0,03;
- o prazo (*n*) = 4 meses.

Como encontrar o valor futuro (*FV*) pela fórmula:

$FV = PV \times (1 + i)^n$

$FV = 15.000 \times (1 + 3\%)^4$

$FV = 15.000 \times (1 + 0{,}03)^4$

$FV = 15.000 \times (1{,}03)^4$

$FV = 15.000 \times (1{,}125509)$

$FV = 16.882{,}63$

A partir de agora, utiliza-se a calculadora HP-12C para os cálculos. Para trabalhar com duas casas decimais, tecla-se:

- primeiramente, <f>;
- em seguida, <2>.

Voltando ao exemplo, tecla-se o seguinte:

<f> <CLx>

15000 <CHS> <PV>

4 <n>

3 <i>

<FV>

No visor, aparece a resposta, isto é, *16882,63*.

COMENTÁRIO

Teclando-se <f> <CLx>, limpa-se a memória da HP-12C e não se corre o risco de obter resultados incorretos devido a resíduos de cálculos anteriores. Segundo o enunciado, a quantia 15.000 representa uma aplicação; portanto, uma saída de caixa. O dinheiro saiu do caixa e foi para a aplicação. É interessante inserir na HP exatamente o que informa o enunciado: uma saída de caixa de 15.000, ou seja, um fluxo negativo de 15.000. Tendo essa preocupação, a resposta vem em afinidade com a pergunta do problema.

A resposta da HP-12C foi 16.882,63 positivo. Isso significa que esse valor é uma entrada de caixa. Exatamente como dizia o enunciado. O resgate no final do prazo significa uma entrada de caixa, ou seja, fluxo positivo.

COMENTÁRIO

Não é obrigatório teclar na sequência valor presente, prazo e taxa de juros para pedir o valor futuro. A ordem de entrada das informações do enunciado não tem importância. Pode-se entrar com os dados *valor presente* (*VP*), *prazo* (*n*) e *taxa de juros* (*i*) em qualquer ordem. Mas é preciso inserir todos os dados antes de teclar <FV>, já que essa, sim, é a incógnita do problema.

Não é obrigatório teclar <CHS> para se inserir o valor presente, mas é interessante que seja assim. A tecla CHS significa *chance signal* ou *mudar sinal*.

Para cálculo de FV pelo Excel, seleciona-se a célula da planilha onde se deseja que a resposta apareça. Clica-se no ícone *<fx>*, insere-se função. Seleciona-se a categoria *FINANCEIRA*. Em seguida, seleciona-se a função *VF* (valor futuro). Clica-se <OK>. O espaço denotado por *TAXA* está reservado para a taxa de juros. Coloca-se 3%, usando o símbolo de porcentagem ou escrevendo *0,03*. O espaço denotado por *NPER* está reservado para o número de períodos (o prazo). Escreve-se *4*. O espaço denotado por *PGTO* está reservado para as prestações e deve ser deixado em branco por enquanto, para que o Excel entenda que é igual a *zero*. O espaço denotado por *VP* está reservado para o valor presente. Escreve-se *–15000*. O espaço denotado por *TIPO* também trata de prestações e, por enquanto, deixa-se em branco. Logo abaixo da linha reservada para o *tipo*, há um símbolo de igualdade e o número *16882,63215*. Essa já é a solução. Clica-se <OK> ou pressiona-se <Enter> no teclado. A solução aparece na célula previamente selecionada.

> Na HP-12C, não é imprescindível inserir esse símbolo de negativo antes dos 15000. Vale a pena somente para ser coerente com o enunciado do problema.

E se o prazo fosse de 15 dias, qual seria o valor futuro?

Temos:

- o valor presente (*PV*) = 15.000;
- a taxa de juros (*i*) = 3% a.m.;
- o prazo (*n*) = 15 dias.

Para se encontrar o valor futuro (*FV*), a primeira providência é transformar a unidade do prazo para a unidade da taxa de juros:

1 mês = 30 dias

x mês = 15 dias

30 x = 15 × 1

x = 15/30

x = ½ mês.

Pela fórmula:

$FV = 15.000 \times (1 + 3\%)^{(1/2)}$

$= 15.000 \times (1,03)^{(1/2)}$

$= 15.000 \times (1,0148892)$

$= 15.223,338.$

Pela HP-12C, deve-se teclar o seguinte:

15000 <CHS> <PV>

0,5 <n>

3 <i>

<FV>

O visor indica a resposta: *15.225.*

COMENTÁRIO

O resultado ficou diferente, mas não foi um erro de arredondamento. Deve-se reparar que não está aparecendo um C no canto inferior direito do visor da HP-12C. Quando esse *C* está aparecendo, a HP-12C está considerando o regime de juros compostos em seus cálculos. Quando o *C* não está aparecendo, a HP-12C está trabalhando com um misto de regime de juros compostos e regime de juros simples. Isso será explicado adiante.

Antes de responder, coloca-se o *C* no visor. Tecla-se <STO> <EEX>, ou seja, *storage exponencial* ou armazenar exponencial. A HP-12C vai considerar operações com funções exponenciais – exatamente do que trata o regime de juros compostos. Para tirar o *C*, tecla-se novamente <STO> <EEX>.

Deixa-se o *C* no visor e repete-se o procedimento de resolução pela HP-12C.

Tecla-se o seguinte:

15000 <CHS> <PV>

0,5 <n>

3 <i>

<FV>

O visor indica a resposta: *15.223,337*.

Nesse caso, sim, a diferença se deve aos arredondamentos.

Para entender as operações com e sem o C no visor da HP-12C, suponha-se uma operação com prazo igual a *2,5 meses*.

Com o C no visor, a HP entende a seguinte operação:
• da *data 0* para a *data 1* ⇨ regime de juros compostos;
• da *data 1* para a *data 2* ⇨ regime de juros compostos;
• da *data 2* para a *data 2,5* ⇨ regime de juros compostos.

Com o *C* no visor, a HP-12C considera a operação inteira no regime de juros compostos.

Sem o C no visor, a HP-12C entende o seguinte:
• da *data 0* para a *data 1* ⇨ regime de juros compostos;
• da *data 1* para a *data 2* ⇨ regime de juros compostos;
• da *data 2* para a *data 2,5* ⇨ regime de juros simples.

A HP-12C considera regime de juros compostos sempre que o período for inteiro. Na parte fracionária, entende que o regime é de juros simples. Esse é o motivo de o resultado, a princípio, ter sido superior. Ademais, para prazos menores do que *um*, o juro no regime de juros simples é maior do que o juro no regime de juros compostos. A única explicação para essa opção é caso se deseje trabalhar com prazos *menores do que um*, havendo a possibilidade de escolher o regime ao qual a operação pertence, ou se estiver calculando os juros do cheque especial.

COMENTÁRIO

Deixa-se, portanto, o *C* no visor. Daqui para frente, só se trabalha no regime de juros compostos.

Pelo Excel, seleciona-se a célula da planilha onde se deseja que a resposta apareça. Clica-se no ícone <*fx*>, insere-se função. Seleciona-se a categoria *FINANCEIRA*. Seleciona-se a função *VF* (valor futuro). Clica-se <OK>. No espaço denotado por *TAXA*, escreve-se *3%* ou *0,03*. No espaço denotado por *NPER*, escreve-se *0,5*. Deixa-se em branco o espaço denotado por *PGTO*. No espaço denotado por *VP*, escreve-se *–15000*. Deixa-se em branco o espaço denotado por *TIPO*. Observa-se a solução: *15223,33735*. Clica-se <OK> ou pressiona-se <Enter> no teclado, para que a solução apareça na célula previamente selecionada.

Para o cálculo do PV:

Que capital, após uma aplicação de dois meses, a 15% ao mês, gerou R$ 198.375?

$PV = FV/(1 + i)^n$

$PV = 198.375/(1 + 0,15)^2$

$PV = 198.375/(1,15)^2$

$PV = 198.375/1,3225$

$PV = 150.000.$

Agora, calcula-se a taxa de juro (*i*):

Um cliente aplicou R$ 1.000, capitalizados de forma composta, por dois anos. Passados os dois anos, ele resgatou R$ 1.210. Que taxa anual de juros incidiu sobre seu capital inicial?

$i = (FV/PV)^{1/n} - 1$

$i = (1210/1000)^{1/2} - 1$

$i = (1,210)^{0,5} - 1$

$i = 1,1 - 1$

$i = 0,1 = 10\%.$

Para cálculo do prazo (*n*):

Em quanto tempo *R$ 250.000*, aplicados a uma taxa de *18% a.m.*, transformam-se em *R$ 410.758*?

n = ln (FV/PV)/ln (1 + i)

n = ln (410.758/250.000)/ln (1 + 0,18)

n = ln (1,643032)/ln (1,18)

n = 0,4965433154/0,1655144384

n = três meses.

Mais exemplos para melhor fixação:

Para encontrar o valor presente (*PV*):

Que quantia deve ser investida hoje a uma taxa de *3%* a.m. para possibilitar o resgate de *R$ 16.882,63* daqui a *quatro meses*?

- taxa de juros (*i*) = *3% a.m.*;
- valor futuro (*FV*) = *16.882,63*;
- prazo (*n*) = *quatro meses.*

Pela fórmula:

PV = 16.882,63/(1 + 3%)^4

= 16.882,63/(1,03)^4

= 16.882,63/(1,125509)

= *15.000*

Pela HP-12C:

Tecla-se o seguinte:

16882,63 <FV>

4 <n>

3 <i>

<PV>

No visor aparece a resposta *–14.999,998*. Arredondando, *15.000.*

Não se tecla <CHS> para inserir o valor futuro, para que se mantenha coerente com o enunciado.

O valor futuro é um resgate; portanto, uma entrada de caixa. Desse modo, deve-se inseri-lo na HP-12C na forma de um fluxo positivo. A resposta, sim, será um desembolso; portanto, um fluxo negativo. Obviamente, deve-se ter uma aplicação hoje para poder ter um resgate no futuro. Pode-se observar que a HP-12C retornou uma resposta negativa, para indicar que esse fluxo foi uma saída de caixa.

Pelo Excel:

Seleciona-se a célula da planilha onde se deseja que a resposta apareça. Clica-se no ícone <*fx*>, insere-se função. Seleciona-se a categoria *FINANCEIRA*. Seleciona-se a função *VP* (valor presente). Clica-se <OK>. No espaço denotado por *TAXA*, escreve-se *3%* ou *0,03*. No espaço denotado por *NPER*, escreve-se *4*. Deixa-se em branco o espaço denotado por

PGTO. O espaço denotado por *VF* está reservado para o valor futuro. Escreve-se *16882,63*. Não se coloca o sinal negativo, porque o fluxo referente ao valor futuro entra no caixa, já que é um resgate. Deixa-se em branco o espaço denotado por *TIPO*. Observa-se a solução: *14999,99809*. Clica-se <OK> ou pressiona-se <Enter> no teclado, para que a solução apareça na célula previamente selecionada.

EXEMPLO

É necessário calcular agora que taxa mensal de juros transforma uma aplicação de *R$ 15.000* em *R$ 16.882,63* após *quatro meses*:

- o valor presente (*PV*) = *15.000*;
- o valor futuro (*FV*) = *16.882,63*;
- o prazo (*n*) = quatro meses.

Pela fórmula:

$i = (16.882,63/15.000)^{(1/4)} - 1$

$= (1,1255087)^{(1/4)} - 1$

$= 1,03 - 1$

$= 0,03 = 3\%$ *a.m.*

Como se sabe que a unidade da taxa de juros é o mês? Sempre que prazo e taxa de juros são dados do problema, devem-se uniformizar suas unidades antes de passar aos cálculos. Quando o prazo ou a taxa de juros for a incógnita, a unidade será naturalmente a unidade do outro, para que a solução esteja de acordo com os dados.

Pela HP-12C:

Tecla-se o seguinte:

16882,63 <FV>

15000 <CHS> <PV>

4 <n>

<i>

No visor aparece a resposta: *3*.

Deve-se interpretar a resposta como 3% a.m. Tecla-se <CHS> antes do valor presente. Esse valor foi um desembolso na data de hoje, para permitir o embolso daqui a quatro meses. Por isso, esses sinais.

A resposta seria a mesma trocando o sinal do valor futuro para negativo e deixando o valor presente positivo. O único incômodo seria não estar sendo coerente com as informações repassadas no enunciado. Contudo, se você se esquecer de teclar <CHS>, a HP-12C não entenderá como um desembolso na data de hoje gerando outro desembolso daqui a quatro meses:

16882,63 <FV>
15000 <PV>
4 <n>
<i>
No visor aparecerá a mensagem *Error 5*, indicando que houve erro na entrada de dados.

Pelo Excel:

Seleciona-se a célula da planilha onde se deseja que a resposta apareça. Clica-se no ícone <*fx*>, insere-se função. Seleciona-se a categoria *FINANCEIRA*. Seleciona-se a função *TAXA*. Clica-se <OK>. No espaço denotado por *NPER*, escreve-se *4*. Deixa-se em branco o espaço denotado por *PGTO*. No espaço denotado por *VP*, escreve-se *–15000*. No espaço denotado por *VF*, escreve-se *16882,63*. Deixa-se em branco o espaço denotado por *TIPO*. Observa-se a solução: *0,02999967*. Arredondando: *0,03 = 3%*. Repara-se a coerência com o enunciado ao inserir o sinal de negativo apenas antes do fluxo de caixa referente ao valor presente.

Se não houver a troca do sinal de um dos fluxos de caixa, o Excel não fará a conta. Depois de inserido o valor futuro, não aparecerá uma solução.

Após que prazo uma aplicação de *R$ 15.000*, a uma taxa de *3% a.m.*, possibilita um resgate de *R$ 15.223,337*:

- o valor presente (*PV*) = *15.000*;
- o valor futuro (FV) = *15.223,337*;
- a taxa de juros (*i*) = *3% a.m.*

O prazo virá em unidade mensal pela fórmula:

$n = ln\ (FV/PV)/ln\ (1 + i)$

$= \ln (15.223,337/15.000)/\ln (1 + 3\%)$

$= \ln (1,0148891)/\ln (1,03)$

$= 0,0147794/0,0295588$

$= 0,499999$ *mês*

Arredondando, a resposta é *0,5 mês*, que são *15 dias*.

Considerando os mesmos dados:

- o valor presente (*PV*) = *15.000*;
- o valor futuro (FV) = *15.223,337*;
- a taxa de juros (*i*) = *3% a.m.*

observe o que acontece ao se usar a HP-12C para calcular o prazo.

Tecla-se o seguinte:

15223,337 <FV>
15000 <CHS> <PV>
3 <i>
<n>
No visor, aparece a resposta: *1*. Deve-se interpretá-la como *um mês*.

COMENTÁRIO

A resposta que aparece é um mês, quando antes eram 15 dias. O que aconteceu?

Acontece que a HP-12C não retorna valores fracionários como resposta para o prazo. Ela sempre arredonda para o primeiro inteiro imediatamente superior à solução exata. Assim, arredondou 0,5 para 1. A HP-12C não diz nada sobre a possibilidade de a resposta estar superdimensionada. Essa é uma falha da HP-12C, mas só acontece quando o prazo for a resposta.

A única maneira de se testar se a resposta está superdimensionada é verificá-la. Por exemplo:

15000 <CHS> <PV>

3 <i>

1 <n>

<FV>

A solução no visor é *15.450*, ou seja, bem maior do que o valor futuro informado no enunciado. Pode-se concluir que esse prazo é maior do que o prazo correto para a resposta. Para solucionar casos como esse, precisa-se detalhar mais a resposta. Detalhar mais significa considerar uma unidade menor para o prazo. Como o prazo está em meses, uma ideia seria considerá-lo em dias. No entanto, sabe-se que o prazo está na unidade *mês* porque a taxa de juros está na unidade ao mês. Para que a resposta do prazo venha na unidade dias, a taxa de juros deve ser inserida na unidade ao dia (a.d.). Portanto, é preciso transformá-la para essa unidade.

COMENTÁRIO

É preciso, então, encontrar a taxa de juros diária equivalente à taxa de juros mensal de 3%.

Antes, contudo, cabe entender um pouco sobre as taxas equivalentes.

CONCEITO-CHAVE

Taxas equivalentes são taxas que transformam o mesmo capital inicial (valor presente) no mesmo montante (valor futuro). Pode-se entender, mais precisamente, que taxas equivalentes transformam o mesmo valor presente no mesmo valor futuro durante prazos iguais. Em outras palavras, duas taxas são equivalentes se, aplicadas ao mesmo valor presente, originarem o mesmo valor futuro, após o mesmo prazo.

Usa-se a definição de taxas equivalentes para encontrar a taxa de juros ao dia equivalente à taxa de juros de *3%* a.m. Suponha-se um valor presente (*VP*) de *R$ 100*. Após um mês de aplicação, à taxa de *3% a.m.*, o valor presente será *R$ 103*.

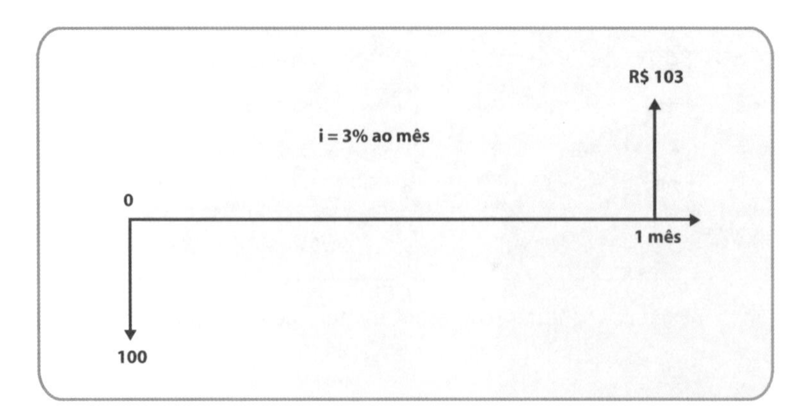

100
Aplicação de *R$ 100,00* hoje ⇨ fluxo de caixa *negativo* na *data 0, seta para baixo* no DFC.

103
Resgate de *RS 103,00* após um mês ⇨ fluxo de caixa *positivo* na *data 1, seta para cima* no DFC.

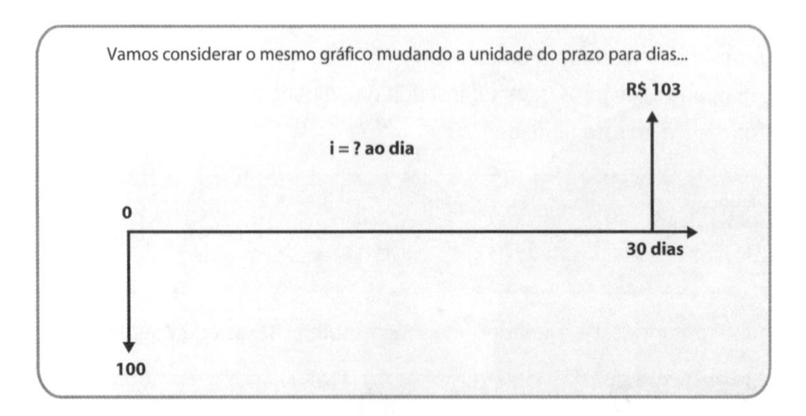

O importante agora é saber qual taxa de juros transformará *R$ 100* em *R$ 103* no prazo de 30 dias. Todo esse trabalho tem um objetivo de, convertendo o prazo em dias, obter a taxa de juros na unidade *ao dia.* A nova taxa de juros é justamente a taxa diária equivalente a *3% a.m.* Pode-se fazer os cálculos para encontrar *i* pela HP-12C e pela fórmula, considerando os seguintes dados:

Pela HP-12C, tecle:

100 <CHS> <PV>

103 <FV>

30 <n>

<i>

No visor, há a solução: *0,0985779*. Isso significa *0,0985779% a.d.* Se, no lugar de 30, fosse inserido um, o prazo estaria na unidade *mês* e a resposta para a taxa de juros seria, obviamente, *3%*. Percebe-se que realmente utilizamos a definição de taxas equivalentes. Tanto a taxa de *3% a.m.* quanto a taxa de *0,0985779% a.d.* transformam o valor presente de *R$ 100* no valor futuro de *R$ 103* após *um mês* ou *30 dias*. Pela fórmula, o mesmo resultado pode ser encontrado, usando novamente a definição de taxas equivalentes. Sabe-se que:

$VF = VP \times (1 + i)^n$

Substituindo os valores:

$103 = 100 \times (1 + 3\%)^1$

A taxa de juros diária teria o mesmo efeito sobre o valor presente de *R$ 100* após o mesmo prazo – apresentado, logicamente, em dias. Chega-se, então, à seguinte expressão:

$103 = 100 \times (1 + i)^{30}$

Como as duas expressões são iguais a *103*, pode-se escrever:

$103 = 100 \times (1 + 3\%)^1 = 100 \times (1 + i)^{30}$

$\Rightarrow 1{,}03 = (1 + i)^{30}$

$\Rightarrow i = (1{,}03)^{(1/30)} - 1 = 1{,}00098578 - 1$

$\Rightarrow 1{,}00098578 = 1 + i$

$\Rightarrow i = 0{,}000985779 = 0{,}0985779\%\ a.d.$

Com o valor encontrado para a taxa de juros, isto é, *0,098578*, volta-se ao problema original. Após que prazo uma aplicação de *R$ 15.000*, a uma taxa de *0,098578% a.d.*, possibilita um resgate de *R$ 15.223,337*?

Pela HP-12C:

15000 <CHS> <PV>

15223,337 <FV>

0,098578 <i>

<n>

No visor, tem-se a solução: *15*, na unidade *dia*.

COMENTÁRIO

Se o prazo for um dado do problema, a HP-12C o entende exatamente como se informa, mesmo que o prazo seja fracionário.

Pelo Excel:

Seleciona-se a célula da planilha onde se deseja que a resposta apareça. Clica-se no ícone <*fx*>, insere-se função. Seleciona-se a categoria *FINANCEIRA*. Seleciona-se a função *NPER*. Clica-se <OK>. No espaço denotado por *TAXA*, escreve-se *3%*. Deixa-se em branco o espaço denotado por *PGTO*. No espaço denotado por *VP*, escreva *–15000*. No espaço denotado por *VF*, escreve-se *15223,337*. Novamente, houve coerência com o enunciado colocando o sinal de negativo apenas antes do fluxo de caixa referente ao valor presente. Deixa-se em branco o espaço denotado por *TIPO*. Observa-se a solução: *0,4999992*. Arredondando: *0,5 mês* ou *15 dias*.

Lembrar que, se não houver a troca o sinal de um dos fluxos de caixa, o Excel não fará a conta.

Capitais equivalentes

Como visto no regime de juros simples, para avaliar se os capitais são equivalentes, é preciso conhecer a taxa de juros que será considerada. Suponha-se que a taxa de juros seja de *10% a.m.* Também é preciso saber em que data focal os capitais são equivalentes. Suponha-se que sejam equivalentes na data *5*.

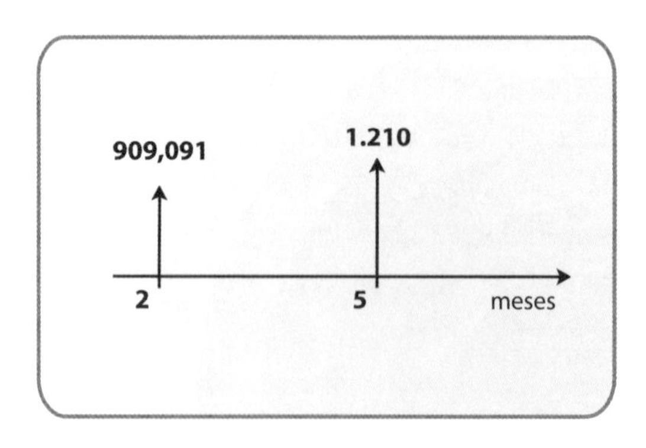

Avaliar se os dois capitais são equivalentes na data focal *5*, considerando-se a taxa de juros de *10% a.m.*, significa levar os dois fluxos de caixa para a data *5*. Essa avaliação deve ser feita arrastando-se os fluxos de caixa ao longo do tempo e tendo como base a taxa de 10% a.m. O fluxo de caixa de *R$ 909,091* da data *2* vale, na data *5*:

$PV = 909{,}091$

$i = 10\% = 10/100 = 0{,}10$

$n = 5 - 2 = 3$

$FV = PV \times (1 + i)^n$

$FV = 909{,}091 \times (1 + 10\%)^3$

$FV = 909{,}091 \times (1{,}1)^3$

$FV = 909{,}091 \times 1{,}331$

$FV = 1.210$

O fluxo de caixa de *R$ 1.210* da data *5* já está na data *5* e não precisa ser transportado. Portanto, esses dois fluxos são equivalentes na data focal *5*, para a taxa de *10% a.m.* Se a data focal fosse 2, será que os fluxos de caixa continuariam equivalentes? O fluxo de caixa da data *2* já está na data 2; portanto, não precisa ser transportado. O fluxo de caixa de *R$ 1.210* da data *5* vale, na data *2*:

$FV = 1.210$

$i = 10\% = 10/100 = 0{,}10$

$n = 5 - 2 = 3.$

$PV = FV/(1 + i)^n$

$PV = 1.210/(1 + 10\%)^3$

$PV = 1.210/1{,}1^3$

$PV = 1.210/1{,}331$

$PV = 909{,}091.$

Dessa forma, os dois capitais também são equivalentes, na data focal *2*, para a taxa de *10% a.m.*

Se a data focal fosse a data 3, o que aconteceria? Na data 3, o fluxo de caixa de 909,091 da data 2 vale:

$PV = 909{,}091$

$i = 10\% = 10/100 = 0{,}10$

$n = 3 - 2 = 1$

$FV = PV \times (1 + i)^n$

$FV = 909{,}091 \times (1 + 10\%)^1$

$FV = 909{,}091 \times (1{,}1)$

$FV = 1.000.$

O fluxo de caixa de 1.210 da data 5, que já está na data 3, vale:

FV = 1.210

i = 10% = 10/100 = 0,10

n = 5 – 3 = 2

$PV = FV/(1 + i)^n$

$PV = 1.210/(1 + 10\%)^2$

$PV = 1.210/1,1^2$

PV = 1.210/1,21

PV = 1.000

Mais uma vez, os capitais foram equivalentes.

Esses capitais serão equivalentes em qualquer data focal, para essa taxa de juros. Essa é uma propriedade do regime de juros compostos. Se dois capitais forem equivalentes em uma data focal para uma determinada taxa de juros, eles serão equivalentes em qualquer data focal, considerando aquela mesma taxa.

Para avaliar a equivalência de capitais no regime de juros compostos, basta que se leve em consideração a taxa de juros usada no transporte dos fluxos. É diferente do que ocorre no regime de juros simples.

CONCEITO-CHAVE

Pode-se definir capitais equivalentes da seguinte maneira: dois capitais são ditos equivalentes em uma determinada taxa de juros se tiverem o mesmo valor em uma data qualquer.

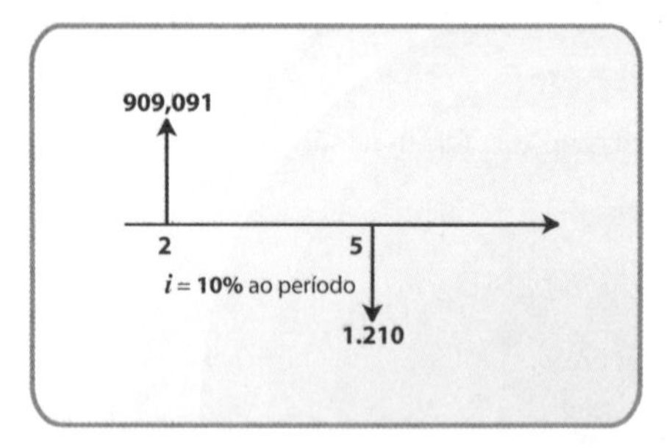

COMENTÁRIO

Esses dois fluxos de caixa não são exatamente os que foram avaliados anteriormente. Avaliou-se a equivalência entre um fluxo positivo de caixa na data *2* e outro fluxo positivo na data *5*. Tem-se agora um fluxo positivo e um fluxo negativo. Fluxos de sinais contrários não serão equivalentes jamais.

EXEMPLO

No caso da venda de uma HP-12C, aceitam-se duas possibilidades de pagamento:

- receber *R$ 300,00* à vista;
- receber *R$ 400,00* daqui a dois meses.

Mais detalhadamente:

- entrega-se a *HP* (saída de caixa) e recebe-se *R$ 300* (entrada de caixa) hoje, na data *0*; ou

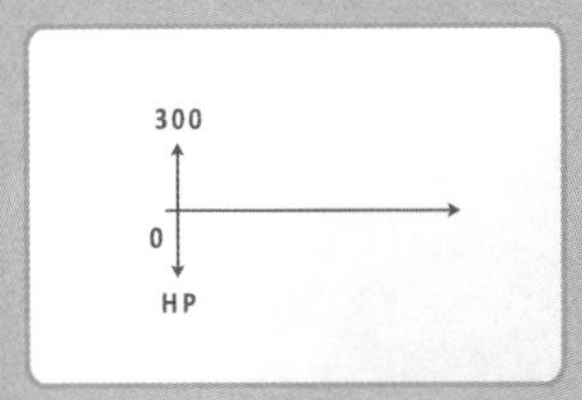

- entrega-se a *HP* (saída de caixa) hoje e recebe-se *R$ 400* (entrada de caixa) daqui a dois meses, ou seja, na data *2*.

Se tanto faz receber *R$ 300* hoje como receber *R$ 400* daqui a dois meses, é porque esses dois capitais são equivalentes.

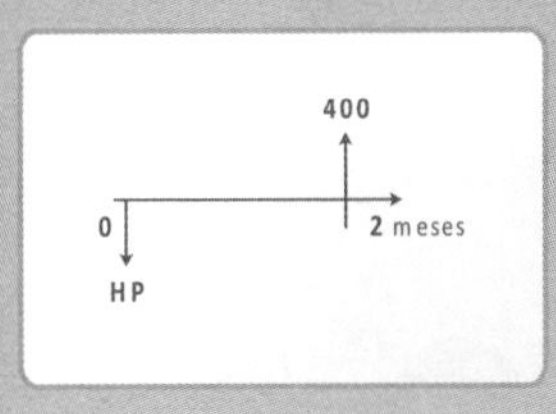

Tanto faz receber *R$ 300* hoje como receber *R$ 400* daqui a dois meses. Os dois fluxos são entradas de caixa. Os dois fluxos têm o mesmo sentido. Contudo, não significam a mesma coisa:

- entregar a HP hoje e receber *R$ 300* também hoje;
- entregar a HP hoje e pagar mais *R$ 400* daqui a dois meses.

Uma entrada de caixa só pode ser equivalente a outra entrada de caixa. E uma saída de caixa só pode ser equivalente a outra saída de caixa.

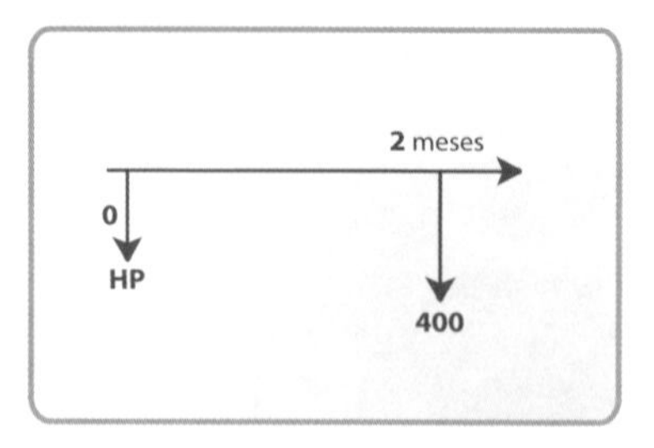

EXEMPLO

O sr. Deturpo Solares aplicou *R$ 5.000* em um fundo de investimento que rendeu, nos últimos *três* meses, respectivamente *8%*, *–2%* e *6%*. Qual é o saldo do fundo hoje? Nesse caso, vale a pena montar o DFC para se descobrir qual seria o saldo do fundo hoje.

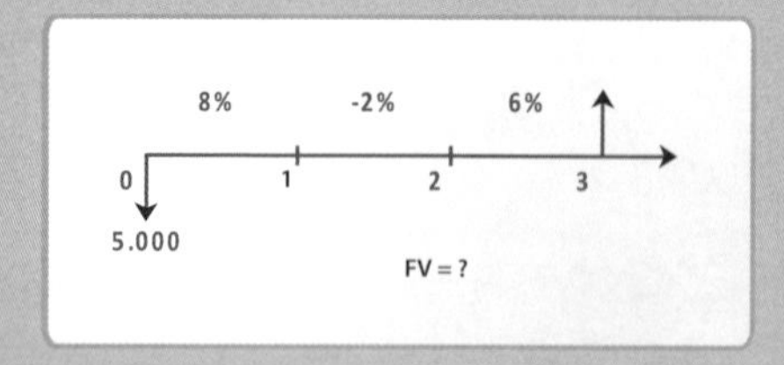

O que aconteceu, cronologicamente, foi o seguinte:

- o sr. Deturpo aplicou *R$ 5.000*;
- esse valor rendeu por um mês à taxa de *8% a.m.*;
- após um mês, ele poderia resgatar o valor aplicado acrescido dos juros.

Desse modo:

$PV = 5.000$

$i = 8\% = 8/100 = 0,08$

$n = 1$ *mês*

A fórmula seria:

$FV = PV \times (1 + i)^n$

$FV = 5.000 \times (1 + 8\%)^1$

$FV = 5.000 \times (1,08)$

$FV = 5.400$

Como o sr. Deturpo não resgatou o dinheiro, o valor total foi reaplicado. Esse novo valor rendeu *–2% a.m.* por um mês. Após esse período, o sr. Deturpo poderia resgatar o valor aplicado mais os juros. Nesse caso, o montante decresceu devido à taxa de juros negativa.

$FV = PV \times (1 + i)^n$

$FV = 5.400 \times (1 - 2\%)^1$

$FV = 5.400 \times (0{,}98)$

$FV = 5.292$

Esse valor foi novamente reaplicado por mais um mês. Nesse período, rendeu 6% a.m., atingindo:

$FV = PV \times (1 + i)^n$

$FV = 5.292 \times (1 + 6\%)^1$

$FV = 5.292 \times (1{,}06)$

$FV = 5.609{,}52$

Nesse momento, então, o dinheiro foi finalmente resgatado. O saldo do fundo do sr. Deturpo é, hoje, de *R$ 5.609,52.*

Representação gráfica do que ocorreu com o sr. Deturpo:

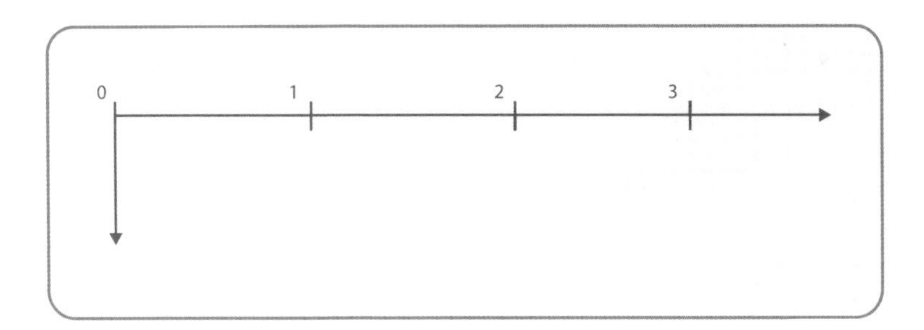

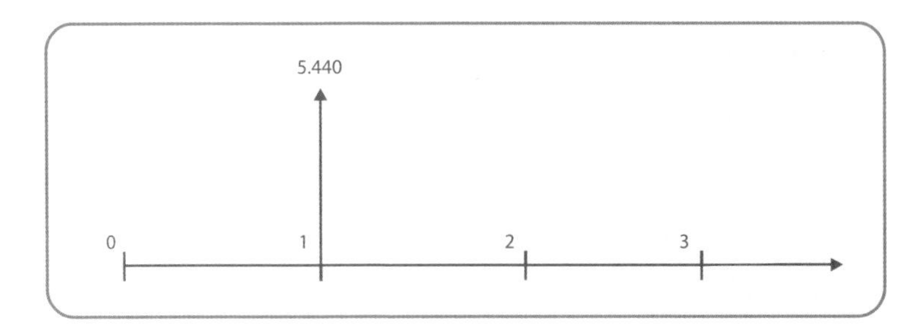

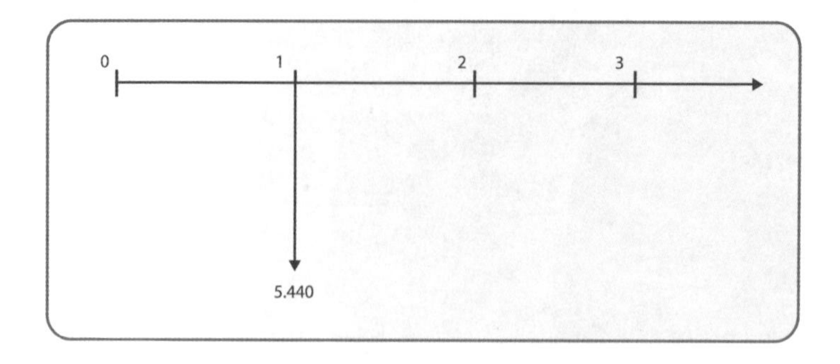
0
1
2
3
5.440

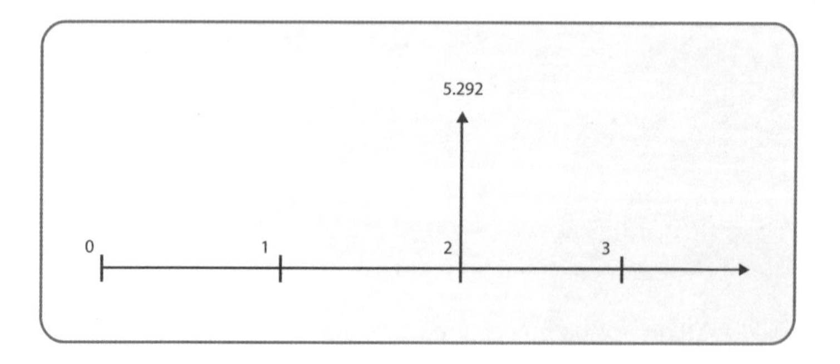
5.292
0
1
2
3

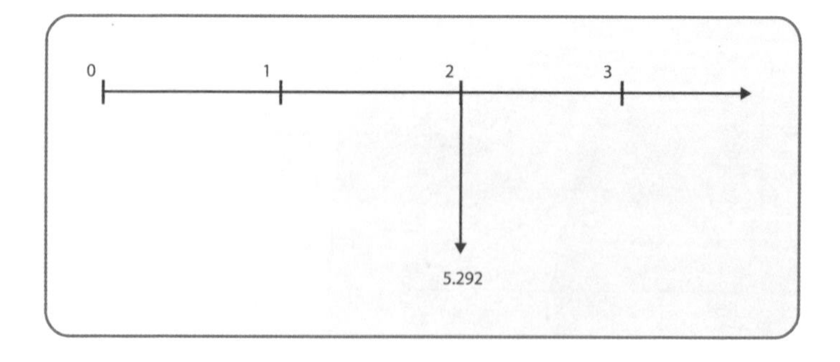
0
1
2
3
5.292

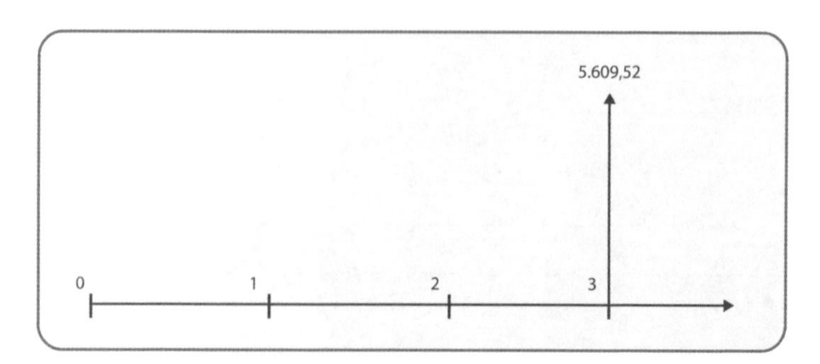
5.609,52
0
1
2
3

A seta para baixo representa o valor presente sendo aplicado e a seta para cima, o valor futuro a ser resgatado. Como esse valor futuro não é resgatado, ele é reaplicado – a seta que estava para cima passa para baixo do eixo, de cabeça para baixo.

Ele aplicou *R$ 5.000* em um fundo de investimento que rendeu, nos últimos *três* meses, respectivamente, *8%*, *–2%* e *6%*. Os rendimentos mensais poderiam ter acontecido na seguinte ordem:

- primeiramente, a perda de *2%*;
- em seguida, o ganho de *6%*;
- depois, o ganho de *8%*.

Sendo assim, qual seria o valor resgatado após os *três* meses? Seria maior, menor ou igual?

Avalia-se o seguinte DFC:

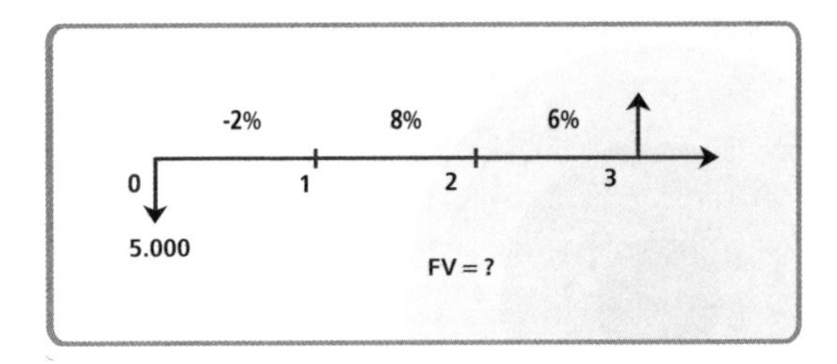

A resposta correta é: *igual*! Tanto faz a ordem das taxas de juros. Repete-se o procedimento anterior para verificar que o valor final é o mesmo.

Vale a pena ver, matematicamente, o que ocorre:

Para o primeiro período:
$PV = 5.000$ $i = -2\% = -2/100 = -0,02$ $n = 1$ $FV = PV \times (1 + i)^n$ $FV = 5000 \times (1 - 0,02)^1$ $FV = 5000 \times (0,98)^1$ $FV = 5000 \times 0,98$ $FV = 4.900$ Esse valor futuro se transforma no valor presente do período seguinte.

Para o segundo período:
$1 + i = \sqrt[3]{[(1+8\%) \times (1-2\%) \times (1+6\%)]}$ $1 + i = \sqrt[3]{1{,}121904}$ $1 + i = 1{,}039087$ $i = 3{,}9087\%$ ao mês

Tanto faz a ordem das três taxas de juros, como tanto faz a taxa de *3,9087%* repetida pelos *três* meses.

EXEMPLO

Na compra de um DVD anunciado por *R$ 2.000*, após o comprador pechinchar com o vendedor, foram-lhe oferecidas as possibilidades de pagamento:

- um cheque pré-datado para 90 dias; ou
- à vista, com um desconto de *10%* sobre o preço anunciado.

As opções são:

- pagar o preço anunciado, sem pechinchar – primeiro DFC;
- pagar o preço à vista com desconto – segundo DFC;
- pagar o preço anunciado com cheque pré-datado para *90* dias – terceiro DFC.

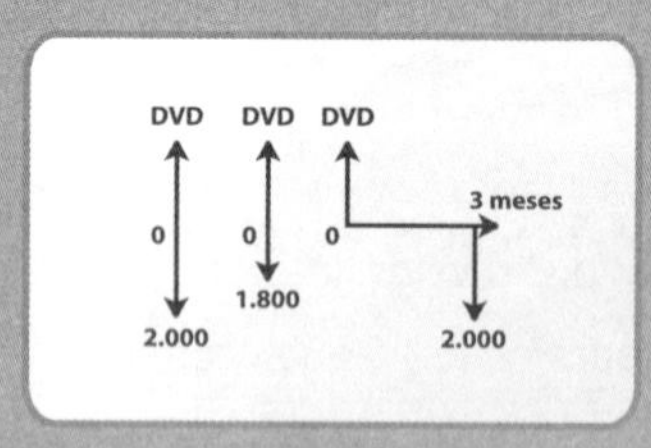

Vale ou não vale a pena financiar a compra, sabendo que se dispõe de uma aplicação financeira que rende *3%* a.m.? Pagar o preço anunciado sem pechinchar – a primeira opção – está fora de cogitação. É claro que a segunda opção – pagar o preço à vista com desconto – é mais vantajosa que a primeira. Dessa forma, o trabalho é avaliar qual é a opção mais interessante – a segunda ou a terceira. Para tanto, usa-se a taxa de juros de que se dispõe na aplicação: *3% a.m.* Para a compra à vista, precisa-se ter *R$ 1.800* disponíveis hoje. Para a compra a prazo, precisa-se ter *R$ 2.000* daqui a *três* meses.

Pode-se resolver o problema de três maneiras. No entanto, todas as maneiras supõem que haja *R$ 1.800* em mãos. Se não houver esse dinheiro, não haverá avaliação nenhuma, já que a compra à vista é impossível.

A primeira maneira é considerar que há *R$ 1.800* em mãos. Financiar a compra significa passarmos um cheque pré-datado de *R$ 2.000*. Os *R$ 1.800* que estão no bolso, obviamente, não ficarão sem rendimento – serão depositados no banco e renderão *3% a.m.* Decidindo financiar a compra, após três meses os *R$ 1.800* depositados no banco valerão:

$FV = PV \times (1 + i)^n$

$FV = 1.800 \times (1 + 3\%)^3$

$FV = 1.800 \times (1,03)^3$

$FV = 1.800 \times (1,092727)$

$FV = 1.966,91.$

COMENTÁRIO

O saldo no banco não cobre o cheque pré-datado. Após a compensação do cheque, o saldo ficou negativo em *R$ 33,09*, ou seja, não vale a pena financiar!

Para que o cheque pré-datado possa ser honrado, o saldo em conta-corrente daqui a três meses deve ser de *R$ 2.000*. Sabendo que a aplicação rende *3% a.m.*, quanto se deve depositar hoje?

$PV = FV/(1 + i)^n$

$PV = 2.000/(1 + 3\%)^3$

$PV = 2.000/(1,03)^3$

$PV = 2.000/1,092727$

$PV = 1.830,28$

Ou seja, precisa-se depositar *R$ 1.830,28* na aplicação para que o saldo, daqui a três meses, seja de *R$ 2.000*. Na primeira maneira, vê-se que *R$ 1.800* aplicados a *3% a.m.* originam um valor futuro menor que *R$ 2.000*. Dessa forma, é claro que, para originar *R$ 2.000*, com a mesma taxa de juros, precisa-se de um valor presente superior a *R$ 1.800*.

COMENTÁRIO

Financiar, nesse caso, não é a melhor opção em nenhuma circunstância.

Para que o cheque pré-datado possa ser honrado, o saldo em conta-corrente daqui a três meses deve ser de *R$ 2.000*. Para se ter esse valor daqui a três meses, precisa-se de *R$ 1.830,28*. Ocorre que só há *R$ 1.800*. Só resta buscar por uma aplicação que renda mais do que *3% a.m.*

$i = (FV/PV)^{(1/n)} - 1$

$i = (2.000/1.800)^{(1/3)} - 1$

$i = (1{,}111111)^{(1/3)} - 1$

$i = 1{,}035744 - 1$

$i = 0{,}035744$

$i = 3{,}5744\%$ *a.m.*

COMENTÁRIO

Precisa-se de uma taxa de juros maior do que aquela que se possui.

Interpretam-se os resultados obtidos nas três diferentes maneiras utilizadas para resolver o problema anterior. Segundo a primeira maneira, após três meses, não se conseguirão os *R$ 2.000* aplicando *R$ 1.800* à taxa de *3% a.m.* De acordo com a segunda maneira, à taxa de *3% a.m.* é preciso aplicar mais do que aquilo do que se dispõe hoje para conseguir os *R$ 2.000* daqui a *três* meses. Na terceira maneira, o que significa a taxa de *3,5744% a.m.*? Essa é a taxa de juros dos financiamentos feitos na loja. Por isso não vale a pena financiar. Ao financiar, assume-se o compromisso de pagar *3,57445% a.m.* para a loja, quando a aplicação só rende *3% a.m.*

Se a loja possibilita o pagamento de *R$ 1.800* à vista e o pagamento de *R$ 2.000* daqui a três meses, é porque, para ela, tanto faz um como outro. Esses dois recebimentos são equivalentes. Ora, se dois fluxos de caixa em datas diferentes são equivalentes, é porque existe uma taxa de juros que faz com que esses dois fluxos sejam iguais em qualquer data focal. Essa taxa é de *3,5744% a.m.*, obtida anteriormente como:

$i = (FV/PV)^{(1/n)} - 1$

$i = (2.000/1.800)^{(1/3)} - 1$

$i = (1{,}111111)^{(1/3)} - 1$

$i = 1{,}035744 - 1$

$i = 0{,}035744$

$i = 3{,}5744\%$ *a.m.*

Pode-se aproveitar esse exemplo para antecipar conceitos de avaliação de investimentos. O que se deve avaliar é se vale ou não a pena financiar. De acordo com a segunda maneira utilizada para saber se valia a pena comprar o DVD a prazo, seria preciso depositar *R$ 1.830,62* hoje para honrar o cheque pré-datado. Entretanto, levar-se-ia para casa hoje um DVD avaliado em *R$ 1.800*. Entrariam, em nosso caixa, na data *0*, *R$ 1.800* em forma de DVD. Sairiam do caixa, também na data *0*, *R$ 1.830,62*. Esse valor é equivalente a *R$ 2.000* na data *3*. Ter-se-ia um prejuízo de *R$ 30,62* em valores atuais. Essa quantia é chamada de valor presente líquido (VPL). Valor presente líquido é a diferença entre o valor presente das entradas e o valor presente das saídas. Quando o VPL é negativo, como no caso em questão, o investimento que está sendo avaliado não é atrativo.

Logicamente, só interessa financiar se a taxa de financiamento for inferior à taxa de juros das aplicações. A taxa de financiamento da loja é comumente chamada de taxa interna de retorno (TIR). A taxa de juros das aplicações é chamada de taxa máxima de atratividade (TMA). Só interessam taxas de financiamento até esse máximo estipulado. Quando a TIR for superior a TMA, o investimento que está sendo avaliado não é atrativo. De acordo com a segunda maneira utilizada para saber se valia a pena comprar o DVD a prazo, viu-se que, ao financiar, estaríamos pagando uma taxa de juros maior do que aquela obtida na aplicação.

Capítulo 2

Conceitos e classificações

Neste capítulo, analisaremos os casos em que há prestações para quitar um financiamento e prestações para acumular uma quantia compreendendo, dessa forma, o conceito de prestações periódicas e não periódicas. Veremos, ainda, que as prestações, quanto ao momento, referem-se à data do pagamento de cada parcela e podem ser classificadas como postecipadas ou antecipadas. Conheceremos, também, os aspectos que envolvem uma série de prestações – as séries antecipadas e postecipadas – e ainda a progressão geométrica, identificando a fórmula que nos permite relacionar o valor presente com as prestações de uma série uniforme. Ao longo do capítulo iremos rever o conceito de prestações perpétuas para, em seguida, compreendermos as fórmulas e os diagramas para série perpétua postecipada e série perpétua antecipada. Para finalizar, discutiremos o conceito de sistema Price – bastante utilizado pelo mercado financeiro – e veremos como funciona o sistema de amortização constante, caracterizado, como o próprio nome diz, por amortizações em valores constantes.

Séries uniformes de pagamento

Neste capítulo, veremos exemplos que tratam de:

- prestações para quitar um financiamento;
- prestações para acumular certa quantia.

Uma série de prestações pode ser classificada segundo vários aspectos:

- quanto à periodicidade;
- quanto ao valor;
- quanto ao prazo;
- quanto ao momento.

COMENTÁRIO

Talvez a classificação menos conhecida do grande público seja a classificação quanto ao momento. Entretanto, ela não deixa de ser simples. Vamos ver as classificações, uma a uma.

A periodicidade refere-se ao intervalo de tempo entre as parcelas. Uma série de prestações, no que tange a este aspecto, pode ser:

- periódica – quando é possível definir um período constante entre os fluxos;
- não periódica – quando não é possível definir um período constante entre os fluxos.

Como um modelo de série de prestações periódicas, considere a compra financiada de um carro. A compra será sem entrada, para pagamento em prestações mensais. Trata-se de uma série de prestações com periodicidade mensal. Suponha:

- o primeiro pagamento ao final do primeiro mês da operação;
- o segundo, ao final do mês 2, e assim por diante, até o último pagamento, ao final do último mês.

Tem-se, então, o seguinte diagrama de fluxos de caixa para esse financiamento:

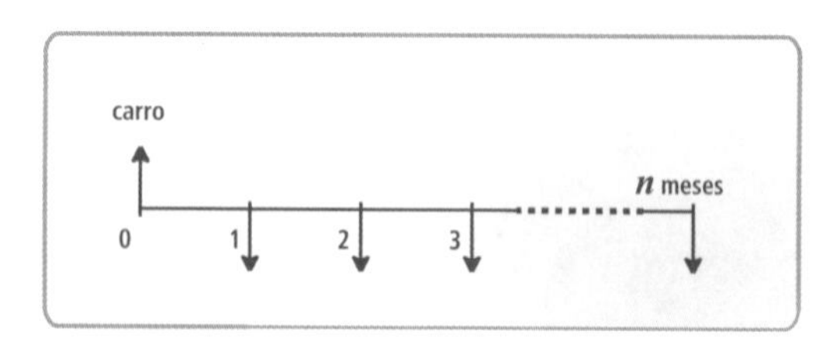

O valor monetário do carro foi indicado com uma seta para cima, pois é uma entrada de capital. As setas para baixo representam as saídas de caixa, oriundas dos pagamentos das parcelas. Como não foi informado o número de prestações, este será denotado por n meses.

O DFC a seguir representa o pagamento de um empréstimo em série não periódica. O intervalo entre as parcelas é, respectivamente, *2*, *4* e *3* meses.

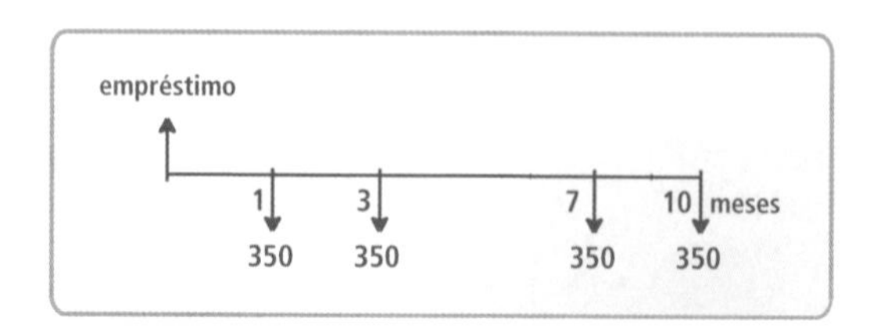

As prestações, quanto ao valor, referem-se, obviamente, aos valores monetários das parcelas. Os valores podem ser iguais ou diferentes. Dessa forma, a série de prestações pode ser constante ou não constante, respectivamente. Por exemplo, o empréstimo anterior será quitado em *quatro* prestações de *R$ 350*. Independentemente da não periodicidade, essa série é constante. Se, pelo menos, uma das prestações tivesse valor diferente de *R$ 350*, a série não seria mais constante.

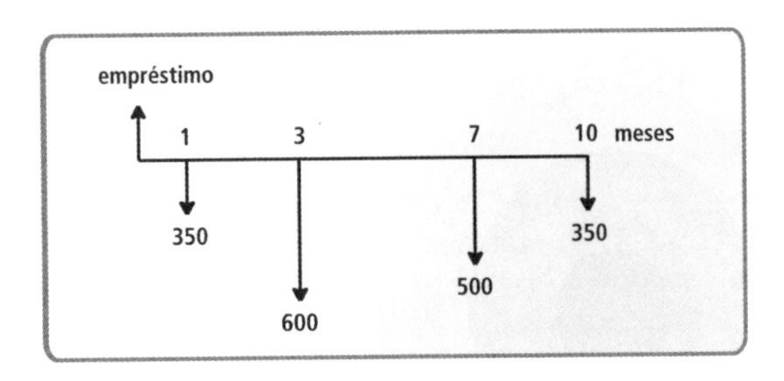

Uma série de prestações é dita uniforme se for periódica e constante. Se o financiamento do carro for quitado em *n* prestações constantes, além de periódicas, a série em questão é uniforme. Para que se possa usar a tecla <PMT> da HP-12C, a série de prestações envolvida deve ser uniforme.

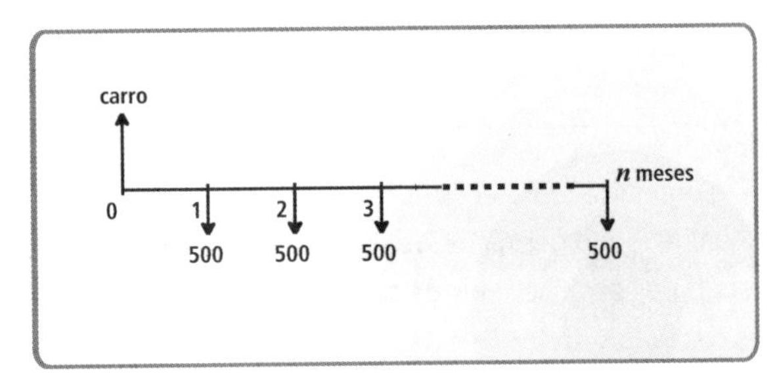

As prestações, quanto ao prazo, referem-se à duração da operação. Se as prestações tiverem um número limitado, pré-estabelecido, dizemos que a série é finita; caso contrário, a série é dita infinita ou perpétua; definição de série uniforme não leva em conta o prazo. Dessa forma, existem séries uniformes finitas e séries uniformes infinitas. Existem, também, séries finitas e infinitas que não são uniformes. Todos os diagramas de fluxos de caixa que se viu até agora representavam séries finitas.

Um caso de série infinita são os recebimentos da quantia acumulada em uma operação de previdência privada. O cliente efetua depósitos durante algum tempo (série finita) para acumular uma quantia que permita retiradas constantes para sempre (série perpétua). Um cliente depositou – ou seja, fluxo negativo, visto que o dinheiro saiu de seu caixa – *R$ 500* todo mês (série uniforme). Esse cliente fez os depósitos durante *240* meses (série finita), para acumular certa quantia após *20* anos. Esta é, portanto, uma série uniforme finita.

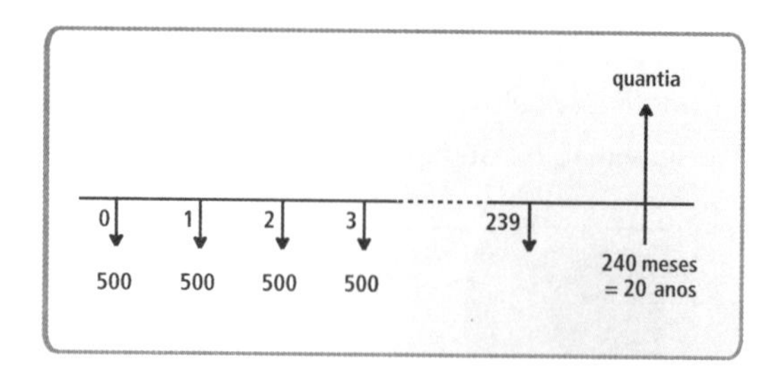

A quantia acumulada é representada neste DFC por uma seta para cima, pois pode ser resgatada.

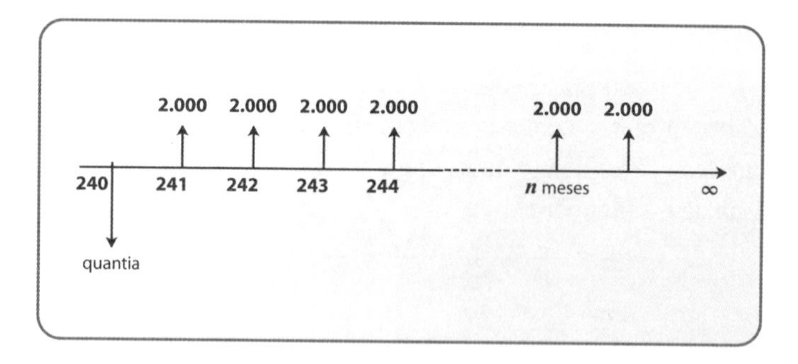

Já neste DFC, a quantia é representada por uma seta apontando para baixo, pois não foi resgatada. A quantia, tendo permanecido aplicada, é interpretada como se tivesse sido depositada naquela data, para permitir os saques dos meses seguintes. Este DFC vem imediatamente após o DFC anterior. Sua data inicial se confunde com a data final do anterior.

No que diz respeito ao momento, as prestações referem-se à data do pagamento de cada parcela. Por esse critério, as séries de prestações podem ser classificadas como postecipadas ou antecipadas. A série postecipada ocorre quando as parcelas possuem vencimento ao final de cada período. No caso de uma compra financiada de um carro com parcelas periódicas mensais no valor constante de *R$ 500* e vencimentos ao final de cada mês, temos que:

- a primeira prestação será paga no final do mês 1 – final do primeiro período;
- a segunda, no final do mês 2 – final do segundo período –, e assim por diante, até a última parcela, ao final do último mês, confundindo-se com o final do prazo da operação. Supondo um prazo de 20 meses, teremos o seguinte DFC:

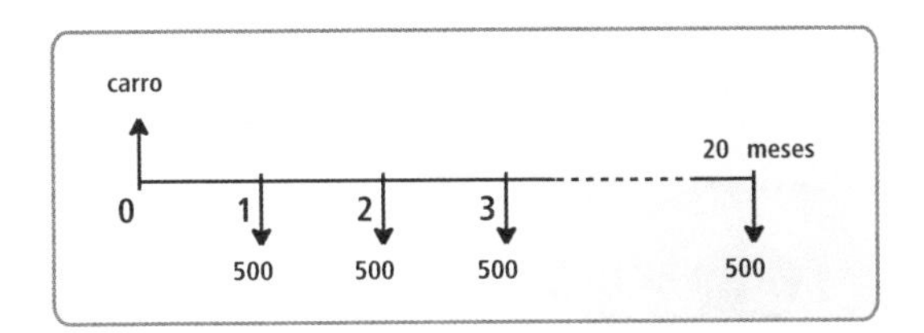

Olhando novamente o DFC, notamos que o pagamento da data *1* se refere ao primeiro período, que vai da data *0* à data *1*. Desse modo, esse pagamento está acontecendo no final desse período. O pagamento da data 2 se refere ao segundo período, que vai da data *1* à data *2*. Dessa maneira, mais uma vez o pagamento está acontecendo no final do período. O mesmo vale para o pagamento da data *3* e para os demais pagamentos, até o último, na data *20*. O último pagamento se refere ao 20º mês. Esse período se inicia na data *19* e termina na data *20* e, claramente, o pagamento acontece ao final dele. Quando uma prestação acontece no final do período a que ela se refere, essa prestação é postecipada *com relação ao período*. Quando todas as prestações são postecipadas, a série é postecipada.

Já a série antecipada ocorre quando as parcelas possuem vencimento no início de seu período de referência. Por exemplo, considere o financiamento anterior:

- financiamento em *20* prestações;
- primeira prestação ocorrendo na data do fechamento do negócio – data *0* –, que corresponde ao início do primeiro período;
- segunda prestação sendo paga na data *1* – início do segundo período –, até a *20ª* prestação, acontecendo no início do *20º* período – data *19*.

O diagrama de fluxos de caixa dessa operação é o seguinte:

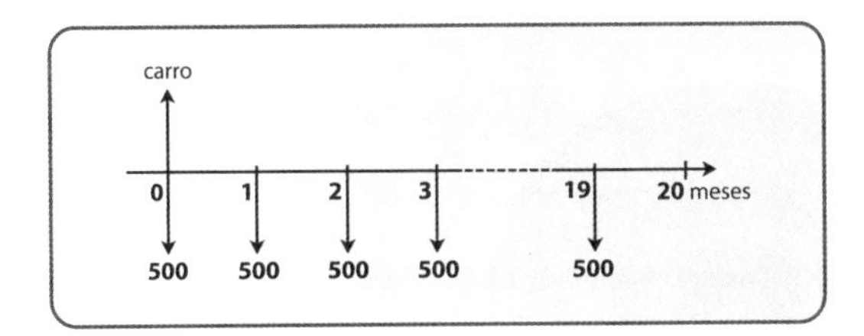

Ao todo, são *20* prestações. A última acontece na data *19* porque a primeira aconteceu na data *0*. A primeira prestação, referente ao primeiro mês – período que vai da data *0* à data *1* –, acontece na data *0*; portanto, no início do período. O segundo pagamento, referente ao segundo mês – período que vai da data *1* à data *2* –, acontece na data *1*; portanto, no início do segundo mês. O mesmo vale para o pagamento do mês *3*

e para os demais pagamentos, até o último pagamento, na data *19*. Esse se refere ao *20º* mês – período que se inicia na data *19* e termina na data *20* – e, claramente, acontece no início desse período. Dessa forma, mais uma vez, o pagamento acontece no início do período de referência.

COMENTÁRIO

Há um ponto que deve ser comentado. Como a primeira das *20* prestações ocorre na data *0*, a última delas ocorrerá na data *19*. Por isso, é comum confundir o prazo total da operação. Muitos pensam que o prazo dessa operação de prestações antecipadas é de *19*. Entretanto, o fato de a primeira prestação ser na data *0* vem, justamente, da característica da série antecipada. Quer dizer que o pagamento se dá na data *0*, mas é referente ao primeiro período. O último pagamento é efetuado na data *19*, mas é referente ao vigésimo período. O último pagamento apenas ocorre no início do último período, determinado pela data *19*. Dessa forma, há um total de *20* períodos e, consequentemente, um prazo de *20* meses.

Quem termina pagando mais: o cliente que paga *20* prestações mensais postecipadas de *R$ 500* ou o cliente que paga as *20* prestações mensais antecipadas de *R$ 500*? Com certeza, o cliente que paga as prestações antecipadas, pois ele paga o mesmo valor antes do outro cliente. Levando em conta que o dinheiro poderia render, mesmo que durante apenas um mês, o cliente que paga depois leva vantagem. Essa conclusão só é válida para contextos em que a taxa de juros (rentabilidade) dos clientes é positiva. Se o cliente tem uma aplicação que rende negativamente, é melhor pagar logo, antes que o dinheiro termine.

EXEMPLO

Imagine um cliente que tenha dólares guardados. Se o dólar perde valor frente ao real, é melhor que ele converta o dinheiro e pague a dívida de uma vez. Da mesma forma que para a classificação quanto ao prazo, não há qualquer relação da classificação quanto ao momento com o fato de a série ser ou não ser uniforme. Existem séries uniformes postecipadas e antecipadas. Existem também séries postecipadas e antecipadas que não são uniformes.

COMENTÁRIO

Para facilitar o manuseio da calculadora HP-12C, vale relembrar a notação das variáveis:

- n = número de prestações;
- i = taxa de juros da operação;
- *PV* = valor presente;
- *FV* = valor futuro;
- *PMT* = valor das prestações.

A tecla <n> representa agora o número de prestações, e não mais o prazo da operação. Para facilitar a dedução da expressão genérica envolvendo o valor futuro (*FV*) e uma série de prestações, considera-se uma série uniforme, com recebimentos postecipados. Suponha-se, ainda, uma taxa de juros (i) dada.

COMENTÁRIO

A abreviação PMT vem do inglês *payment*, que quer dizer pagamento.

O caminho para a dedução da expressão será fazer equivaler à série de recebimentos um valor futuro na data do último recebimento. Por se estar tratando de entradas de caixa, as setas apontarão para cima, tanto para os recebimentos quanto para o valor futuro equivalente. Para uma operação contendo apenas um recebimento na data *1*:

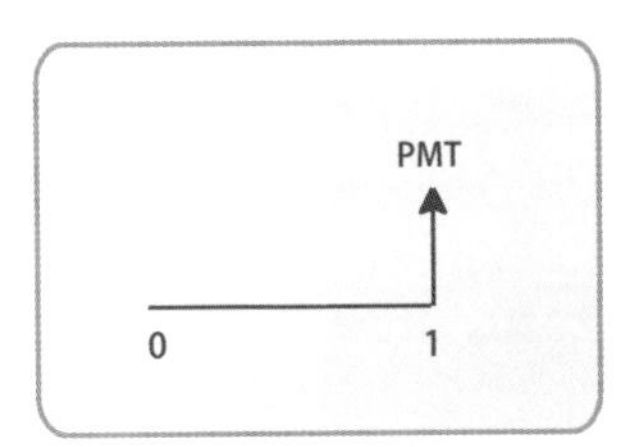

O que se pretende é encontrar um valor futuro, na data *1*, equivalente à parcela dada (*PMT*). E encontrar o *FV* está representado pelo seguinte diagrama de fluxos de caixa:

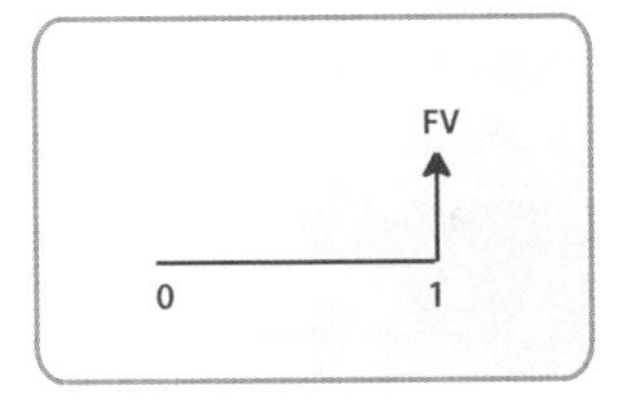

Como tanto *FV* quanto *PMT* estão na mesma data, tem-se, imediatamente, que:

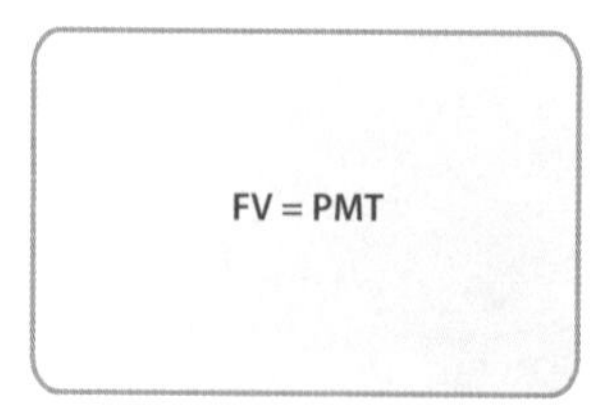

Para uma operação contendo *duas* parcelas uniformes, tem-se:

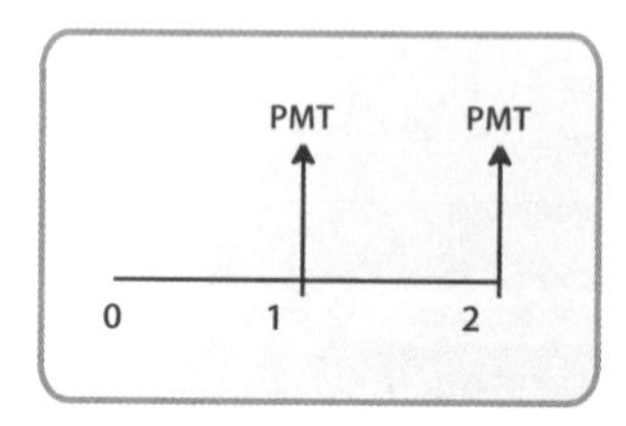

O que se quer encontrar é um valor futuro, na data 2, equivalente a essa série de recebimentos. Ou seja, transformar o diagrama anterior no diagrama a seguir, que contém apenas *FV*.

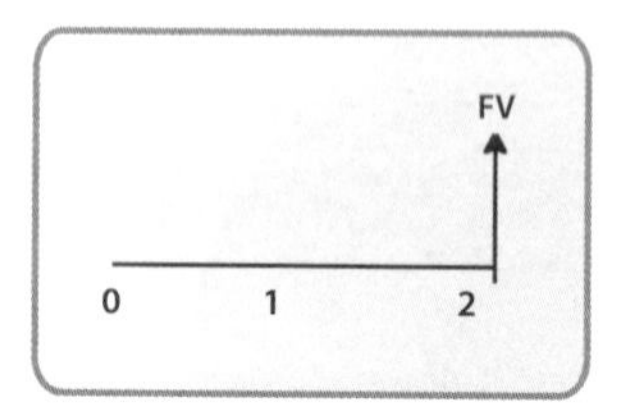

Para tanto, é o bastante levar os dois recebimentos para a data *2*. O recebimento da data *1* será arrastado *um* período para frente, de acordo com a taxa de juros fornecida. O recebimento da data permanecerá imóvel, pois já está na data *2*. Pelo que foi estudado, a prestação do final do primeiro período vale, ao final do segundo período,

$PMT \times (1+i)^1 = PMT \times (1+i)$

e é obtida pela fórmula $FV = PV \times (1 + i)^n$, na qual PV é substituído por PMT. A prestação do final do segundo período vale *PMT*.

O *FV* equivalente às duas prestações em $n = 2$ vale a soma dos valores anteriores:

$FV = PMT + PMT \times (1+i)$.

As parcelas da soma anterior são, respectivamente, a prestação da data *2*, que já estava na data *2*, e a prestação da data *1* capitalizada um período. Agora, analisa-se uma operação de *três* recebimentos uniformes, dada por um diagrama de fluxos de caixa:

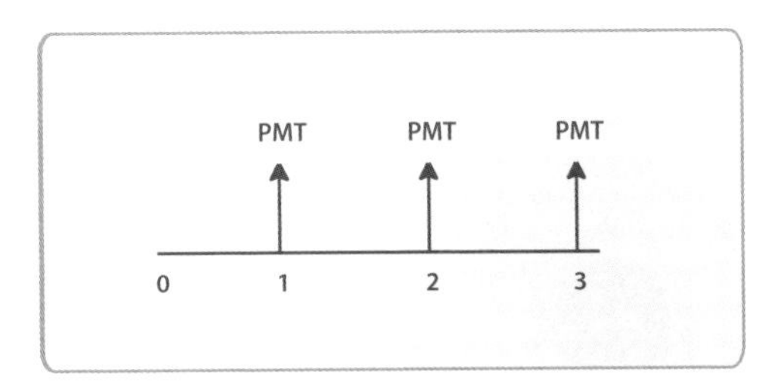

O que se quer é encontrar o valor futuro (*FV*), situado no final do prazo *n* – data *3* –, equivalente à série de recebimentos anterior. Procure o *FV* dado pelo seguinte diagrama de fluxos de caixa:

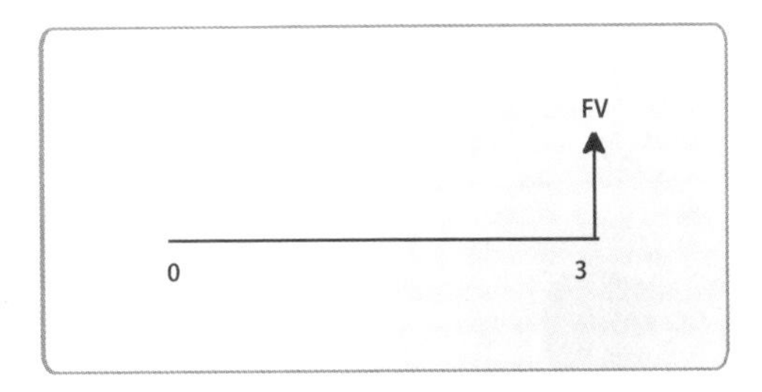

Para calcular o valor futuro (*FV*), é preciso transportar cada uma das parcelas de recebimento de suas respectivas datas para a data final da operação, na qual *FV* acontece. O valor de cada prestação dependerá de sua data original. Quanto mais períodos antes do prazo final, mais períodos para capitalização de juros. Dessa maneira, a parcela, originalmente situada na data *1*, corresponde, na data *3*, a $PMT \times (1+i)^2$. O expoente igual a *2* indica duas capitalizações de $n = 1$ até $n = 3$. A parcela da data *2* terá o valor $PMT \times (1 + i)^1 = PMT \times (1 + i)$ na data *3*. O expoente igual a *1* indica uma capitalização de $n = 2$ até $n = 3$. A parcela da data *3* permanece com o mesmo valor *PMT*, pois já está na data desejada. Para que os diagramas sejam equivalentes, o valor futuro deve ser igual a:

$FV = PMT + PMT \times (1 + i) + PMT \times (1 + i)^2$. Essa soma corresponde à soma das três parcelas, respectivamente as de:

- $n = 3$;
- $n = 2$ e $n = 1$, levadas para data *3*.

Para um prazo com *quatro* períodos de capitalização, qual deve ser a expressão que relaciona valor futuro e série de prestações?

Para a operação com uma parcela, tínhamos:

FV = PMT

Para a operação com duas parcelas, tínhamos:

$FV = PMT + PMT \times (1 + i)$

Para a operação com três parcelas:

$FV = PMT + PMT \times (1 + i) + PMT \times (1 + i)^2$

Para uma operação com quatro parcelas:

$FV = PMT + PMT \times (1 + i) + PMT \times (1 + i)^2 + PMT \times (1 + i)^3$

Como deve ser a expressão genérica para uma operação com *n* recebimentos uniformes? Responder a essa questão é o mesmo que resolver o seguinte problema: para que valor de *FV* os DOIS diagramas de fluxos de caixa a seguir são equivalentes?

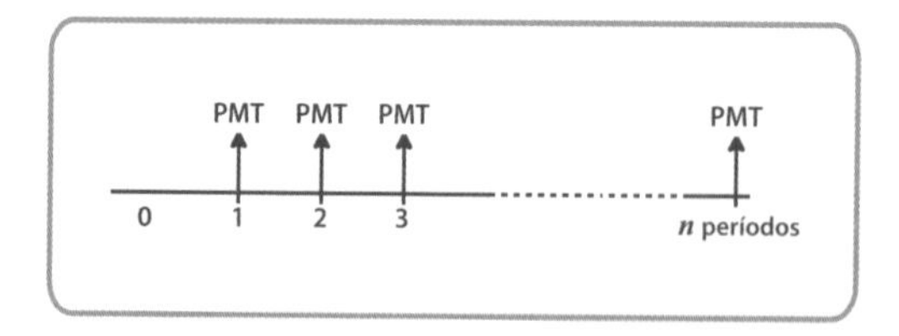

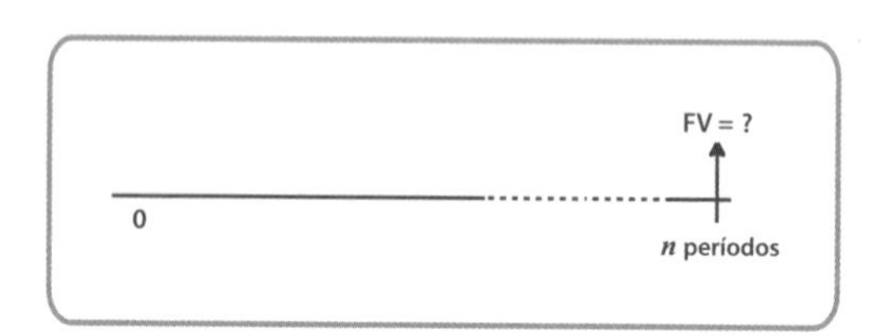

Observando o comportamento das expressões anteriores, pode-se concluir que a expressão procurada seja a soma de parcelas do tipo *PMT × (1 + i)*.

As expressões se diferenciam apenas pelo expoente do fator *(1 + i)*. Esses expoentes estão em ordem crescente, desde *0* – para uma operação com apenas um recebimento – até *(n – 1)*.

$FV = PMT + PMT \times (1 + i) + PMT \times (1 + i)^2 + PMT \times (1 + i)^3 + ... + PMT \times (1 + i)^{n-1}$

Dessa forma, a expressão não simplifica o trabalho.

CONCEITO-CHAVE

O objetivo principal de toda expressão matemática é generalizar um resultado, de forma a simplificar o trabalho necessário para obtenção da solução.

EXEMPLO

Suponha-se que o sr. Brandão deposite, mensalmente, a quantia de *R$ 1.000* em uma poupança. Essa poupança lhe garante uma remuneração mensal calculada com base na taxa de *3% a.m.* Quanto terá acumulado o sr. Brandão, após dois anos de poupança, supondo que a série seja postecipada?

Agora é preciso encontrar o valor futuro (*FV*), situado na data *24* – isto é, dois anos × 12 meses –, equivalente à série de *24* depósitos mensais de *R$ 1.000*, à taxa de *3% a.m.*, dada pelo diagrama a seguir. O primeiro depósito acontece na data *1*, porque a série é postecipada por hipótese. O prazo de *dois* anos é equivalente a *24* períodos de um mês.

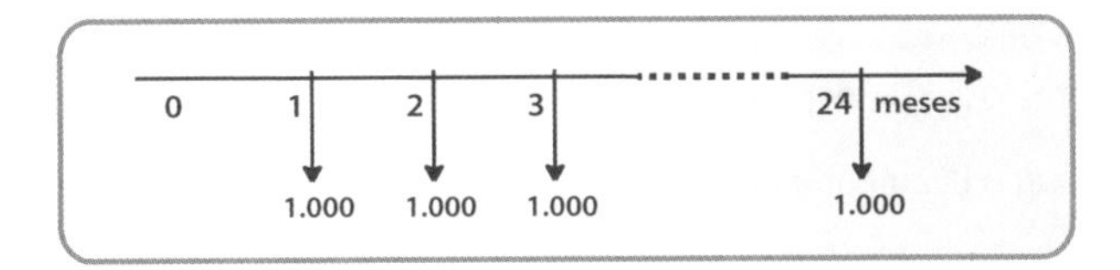

Pela expressão deduzida, o valor futuro (*FV*) será a soma de 24 parcelas, aplicando a fórmula:

$$FV = PMT + PMT \times (1 + i) + PMT \times (1 + i)^2 + PMT \times (1 + i)^3 + \ldots + PMT \times (1 + i)^{n-1}$$

$$FV = 1.000 + 1.000 \times (1 + i) + 1.000 \times (1 + i)^2 + 1.000 \times (1 + i)^3 + \ldots + 1.000 \times (1 + i)^{23}.$$

O último expoente é 23, resultado do número de períodos menos 1, ou seja, 24 – 1. Para obter o resultado procurado, deve-se calcular cada uma das parcelas e, em seguida, somá-las.

COMENTÁRIO

E se, em vez de *24* meses, fossem *100* meses? Nesse caso, seria usada uma expressão mais simplificada, que será vista adiante.

Agora usam-se os conhecimentos de progressão geométrica (PG) para desenvolver uma expressão mais aplicável. Antes, contudo, é necessário relembrar algumas definições sobre o tema. Tem-se a sequência de números: 1, 3, 9, 27, 81, 243. Essa sequência tem:

- primeiro termo denotado por $a_1 = 1$;
- último termo denotado por $a_n = 243$;
- razão denotada por $q = 3$.

Na sequência apresentada a seguir, tem-se a razão dada por:

3/1 = 9/3 = 27/9 = 81/27 = 243/81.

Todos esses quocientes valem *3*. A razão é o quociente entre dois termos consecutivos, sendo que o primeiro deles é o denominador. O segundo termo é o numerador. Pode-se entender a *razão* de uma PG como o número pelo qual um termo deve ser multiplicado para obter o próximo termo. Por exemplo, para se obter o quinto termo da sequência dada, no caso *81*, deve-se multiplicar o quarto termo, *27*, por *3*. Para o caso da expressão, tem-se a sequência:

$PMT; PMT \times (1 + i); PMT \times (1 + i)^2; PMT \times (1 + i)^3; ...; PMT \times (1 + i)^{(n-1)}$.

O primeiro termo é *PMT*. O último termo é $PMT \times (1 + i)^{(n-1)}$. A razão é $(1 + i)$. Para obter o segundo termo, $PMT \times (1 + i)$, é preciso multiplicar o primeiro termo, PMT, por $(1 + i)$. Para obter o terceiro termo, $PMT \times (1 + i)^2$, é preciso multiplicar o segundo termo, $PMT \times (1 + i)$, por $(1 + i)$. E assim para quaisquer dois termos sucessivos. Há uma fórmula para simplificar a soma:

$PMT + PMT \times (1 + i) + PMT \times (1 + i)^2 + PMT \times (1 + i)^3 + ... + PMT \times (1 + i)^{n-1}$.

A soma de uma PG é dada por:

$$S_n = a_1 \times \frac{q_n - 1}{q - 1}$$

Identificando termo a termo e sendo

$a_1 = PMT$

$q = (1 + i)$

chega-se à seguinte expressão para nossa sequência:

$$PMT \times \frac{(1+i)^n - 1}{(1+i) - 1} = PMT \times \frac{(1+i)^n - 1}{i}$$

Como essa soma é equivalente ao valor futuro (*FV*), tem-se a expressão procurada:

$$FV = PMT \times \frac{(1+i)^n - 1}{i}$$

Combina-se a fórmula obtida com a fórmula que relaciona o valor presente com o valor futuro, vista anteriormente. Desse modo, encontra-se a fórmula para relacionar o valor presente com as prestações de uma série uniforme

$$FV = PMT \times \frac{(1+i)^n - 1}{i}$$

e tem-se que $FV = PV \times (1 + i)^n$.

Substituindo *FV*, na segunda relação, por seu valor na primeira expressão encontra-se a relação desejada:

$$PV \times (1+i)^n = PMT \times \frac{(1+i)^n - 1}{i}$$

$$\therefore PV = PMT \times \frac{(1+i)^n - 1}{(1+i)^n \times i}$$

Para encontrar o valor futuro na data *n* equivalente à série de prestações antecipadas dada pelo diagrama

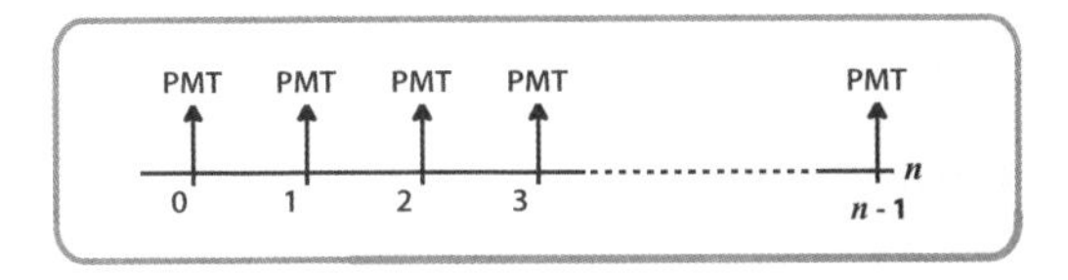

a melhor maneira de encontrar a fórmula desejada é transformar a série antecipada em uma série postecipada e usar a fórmula já desenvolvida. Para tanto, basta que cada parcela avance um período no diagrama anterior:

- a parcela da data inicial vai para a data *1*;
- a parcela da data *1* vai para a data *2*, e assim por diante, até a última parcela, em $n - 1$, em que se vai para o final do prazo. Como cada parcela é afastada por um período, seus valores devem ser acrescidos do juro referente a um período, à taxa i, totalizando $PMT \times (1 + i)$.

Dessa forma, tem-se o seguinte diagrama:

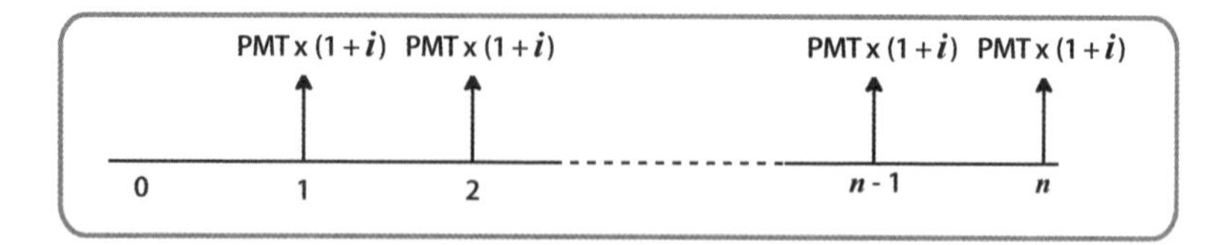

Usando a fórmula para relacionar o valor presente com as prestações de uma série uniforme, chega-se a:

$$\mathbf{FV} = (\text{PMT} \times (1 + i)) \times \frac{(1+i)^n - 1}{i}$$

$$\therefore \mathbf{FV} = \text{PMT} \times \frac{(1+i)^{n+1} - (1+i)}{i}$$

Pelo mesmo procedimento anterior, pode-se obter a expressão para *PV* e *PMT* na série antecipada:

$$\mathbf{PV \times (1+\mathit{i})^{\mathit{n}}} = (\text{PMT} \times (1+i)) \times \frac{(1+i)^n - 1}{i}$$

$$\therefore \mathbf{PV} = \text{PMT} \times \frac{(1+i)^n - 1}{i \times (1+i)^{n-1}}$$

Quanto se deve depositar hoje, em uma poupança que renda *2% a.m.*, para poder fazer *15* retiradas mensais de *R$ 2.000*, já a partir do próximo mês? A frase "já a partir do próximo mês" informa que a primeira retirada acontecerá dentro de um mês. Trata-se, pois, de uma série uniforme postecipada. Tem-se, então:

- a taxa de juros (*i*) = *2% a.m.*;
- o número de prestações/retiradas (*n*) = *15*;
- o valor das prestações/retiradas (*PMT*) = *2.000*.

Para encontrar o valor presente (*PV*), o DFC é o seguinte:

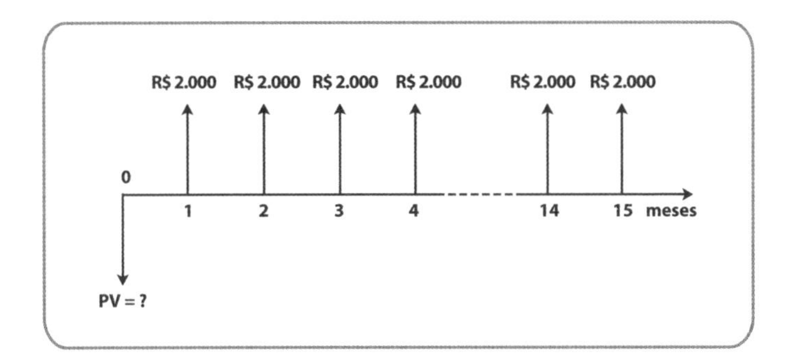

Assim,

Pela fórmula...

$$PV = PMT \times \frac{(1+i)^n - 1}{i\,(1+i)^n}$$

temos...

$$PV = 2000 \times \frac{(1+2\%)^{15} - 1}{2\%\,(1+2\%)^{15}}$$

$$= 2000 \times \frac{0{,}34586}{0{,}026917}$$

$$= 25.698{,}53$$

Aplicando *R$ 25.698,53* hoje em uma conta que rende *2% a.m.*, podemos retirar mensalmente *R$ 2.000* já a partir do próximo mês, durante 15 meses.

E se a série fosse antecipada, qual deveria ser o saldo da aplicação hoje para permitir *15* retiradas de *R$ 2.000*? Esse saldo é maior ou menor do que o saldo que o encontrado na série postecipada, *R$ 25.698,53*? Intuitivamente, ao se retirar os *R$ 2.000* um mês antes, o valor aplicado terá menos tempo para proporcionar os juros. Para compensar essa perda de prazo, é preciso aumentar o valor aplicado, já que a taxa continua a mesma. O DFC dessa operação é apresentado a seguir:

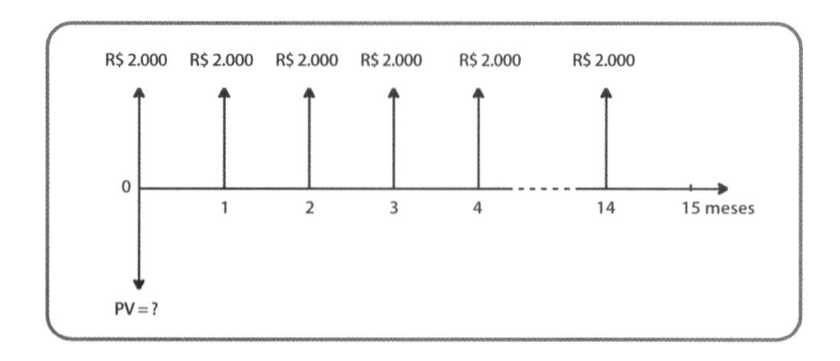

O prazo da operação continua de 15 meses; afinal, são 15 retiradas mensais. Como as retiradas acontecem antes, deduzimos que o valor aplicado precisa ser maior.

EXEMPLO

Um financiamento de *R$ 12.000* deve ser liquidado em *10* prestações mensais, iguais, sucessivas e postecipadas, com uma taxa de juros efetiva de *2% a.m.*

Determina-se, agora, o valor da prestação mensal (*PMT*). Para isso, tem-se:

- valor presente (*PV*) = *12.000*;
- número de prestações (*n*) = *10*;
- taxa de juros (*i*) = *2% a.m.*

O DFC dessa operação é:

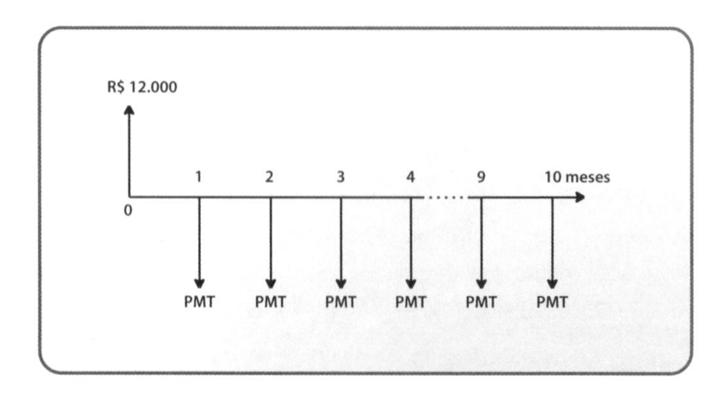

O valor presente é representado por uma seta para cima, pois é um fluxo de caixa positivo. O PV entrou na conta em forma de financiamento. As prestações são fluxos de caixa negativos, pois são pagamentos. Para calcular o valor das prestações (*PMT*) utilizando a calculadora HP-12C e o Excel, temos que:

Pela HP-12C:
<f> <CLx>
<g> <END>
12000 <PV>
10 <n>
2 <i>
<PMT>
No visor, aparece *–1335,92*.

Pelo Excel:

Seleciona-se a célula da planilha onde se deseja que a resposta apareça. Clica-se no ícone *<fx>*, insere-se função. Seleciona-se a categoria *FINANCEIRA*. Seleciona-se a função *PGTO* (pagamento). Clica-se <OK>. O espaço denotado por *TAXA* continua reservado para a taxa de juros. Coloca-se *2%*, com o símbolo de porcentagem, ou *0,02*. O espaço denotado por *NPER* está reservado para o número de períodos (o prazo). Escreve-se *10*. O espaço denotado por *VP* está reservado para o valor presente. Escreve-se *12000*. Deixa-se o espaço denotado por *VF* em branco. O espaço denotado por *TIPO* define o momento da série. Para trabalhar com séries postecipadas, escreve-se *0* ou deixa-se em branco. Observa-se que logo abaixo da linha reservada para o *tipo* há um símbolo de igualdade e o número *1335,918334*. Essa já é a solução. Clica-se <OK> ou pressiona-se <Enter> no teclado. A solução aparece na célula previamente selecionada. Como já se sabia – visto que se montou corretamente o DFC –, a prestação é negativa, pois representa o pagamento do financiamento.

COMENTÁRIO

E se a taxa fosse de *24% ao ano* (*a.a.*)? Primeiramente, ter-se-ia de transformar a taxa de juros anual em sua taxa equivalente mensal. Não se pode trabalhar com prestações mensais e taxa de juros anual. Além disso, diferentemente dos problemas envolvendo apenas valor futuro e valor presente – em que se podia optar por adequar a unidade do prazo à unidade da taxa de juros ou vice-versa quando se tinha prestações envolvidas –, a única possibilidade é mexer na unidade da taxa de juros. O *n* da fórmula deixou de representar o prazo e passou a representar o número de prestações. Por isso, é preciso encontrar a taxa de juros mensal equivalente a *24% a.a.*

Para encontrar a taxa de juros mensal equivalente à taxa de juros de *24 % a.a.*, tecla-se:
100 <CHS> <PV>
12 <n>
124 <FV>
<i>
No visor, tem-se 1,81. Ou seja, *1,81%* ao mês.

Agora, que já se tem a taxa de juros e a periodicidade das prestações na mesma unidade, pode-se passar aos cálculos do problema:

Pela HP-12C:
<f> <CLx>
<g> <END>
12000 <PV>
10 <n>
1,81 <i>
<PMT>
No visor, aparece *–1322,67*.

Pelo Excel:

Seleciona-se a célula da planilha onde se deseja que a resposta apareça. Clica-se no ícone *<fx>*, insere-se função. Seleciona-se a categoria *FINANCEIRA*. Seleciona-se a função *PGTO* (pagamento). Clica-se <OK>. O espaço denotado por *TAXA* continua reservado para a taxa de juros. Insere-se *1,8088%* ou *0,018088*. O espaço denotado por *NPER* está reservado para o número de períodos (o prazo). Escreve-se *10*. O espaço denotado por *VP* está reservado para o valor presente. Escreve-se *12000*. Deixa-se o espaço denotado por *VF* em branco. O espaço denotado por *TIPO* define o momento da série. Para trabalhar com séries postecipadas, escreve-se *0* ou deixa-se em branco. Logo abaixo da linha reservada para o *tipo*, há um símbolo de igualdade e o número *–1322,67*. Essa já é a solução. Clica-se <OK> ou pressiona-se <Enter> no teclado. A solução aparece na célula previamente selecionada. A prestação foi menor porque a taxa de juros era menor. Já o valor financiado e o número de prestações se mantiveram inalterados.

O sr. Joaquim deseja ter acumulada a quantia de *R$ 20.000* daqui a um ano. Para tanto, efetua *12* depósitos mensais, a partir de hoje, em um fundo de renda fixa, com taxa anual de *18%*. Para calcular o valor dos depósitos:

- o valor futuro (*FV*) = *20.000*;
- a taxa de juros (*i*) = *18% a.a.*;
- o número de prestações antecipadas (*n*) = *12*.

É preciso encontrar a taxa equivalente. Mas, antes de resolver o problema, perceba que as prestações têm periodicidade mensal e que a taxa de juros é anual. O DFC do problema é:

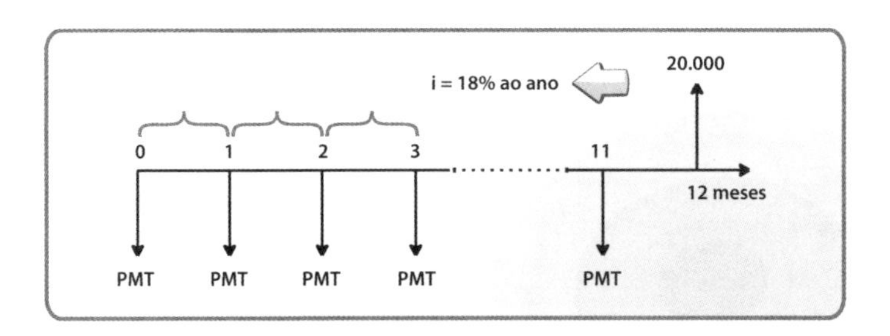

18% a.a. equivalem a que taxa mensal?
100 <CHS> <PV>
118 <FV>
12 <n>
<i>

No visor, tem-se *1,3888*, ou seja, taxa de *1,3888% a.m.* Resolvendo o problema pela HP-12C:

<f> <CLx>
<g> <BEGIN>
20000 <FV>
12 <n>
1,3888 <i>
<PMT>
No visor, aparece *–1522,02*.

Suponha-se que, para ter acumulados os mesmos *R$ 20.000* daqui a um ano, a partir de *12* depósitos mensais iguais e sucessivos, o sr. Joaquim só disponha de *R$ 1.300* por mês. Certamente, a taxa do fundo, para que seu objetivo seja alcançado, deverá ser superior a *1,3888% a.m.* – valor futuro igual, mesmo número de prestações, porém de menor valor; taxa de juros maior. Logo:

- o valor das prestações (*PMT*) = *1.300;*
- o número de prestações antecipadas (*n*) = *12;*
- o valor futuro (*FV*) = *20.000.*

O DFC é dado por:

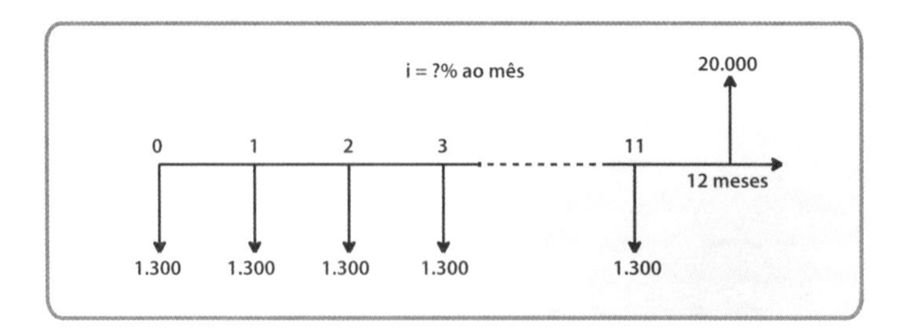

Pela HP-12C:

<f> <CLx>

<g> <BEGIN>

20000 <FV>

12 <n>

1300 <CHS> <PMT>

<i>

No visor, aparece *3,7666*, ou seja, taxa de *3,77% a.m.*

Pelo Excel:

Seleciona-se a célula da planilha onde se deseja que a resposta apareça. Clica-se no ícone <*fx*>, insere-se função. Seleciona-se a categoria *FINANCEIRA*. Seleciona-se a função *TAXA*. Clica-se <OK>. No espaço denotado por *NPER*, escreve-se *12*. No espaço denotado por *PGTO*, escreve-se *–1300*. Deixa-se o espaço denotado por *VP* em branco. No espaço denotado por *VF*, escreve-se 20000. No espaço denotado por *TIPO*, escreve-se *1*, pois a série é antecipada. Clica-se <OK> ou pressiona-se <Enter> no teclado. A solução aparece na célula previamente selecionada: *0,0376* ou *3,77%*. Ou seja, um resultado bem maior do que a taxa anterior.

Quanto deve ser depositado pelo sr. Joaquim, além da prestação, ao final do *sexto mês* após o início da operação, para que ele acumule os *R$ 20.000* com *12* depósitos mensais iguais e sucessivos de *R$ 1.300* no fundo que rende *18% a.a.*? Considere que, se dispuser de uma aplicação que rende *18% a.a.* – ou *1,3888% a.m.* –, as *12* prestações antecipadas precisarão ser iguais a *R$ 1.522,02* para que o sr. Joaquim acumule *R$ 20.000* em um ano. Se cada uma das 12 prestações for igual a apenas *R$ 1.300*, a aplicação deverá render *3,77% a.m.* para que o sr. Joaquim consiga os *R$ 20.000* em um ano.

COMENTÁRIO

Quanto menor é a taxa de juros, maior deve ser o valor das prestações depositadas.

Agora, se o sr. Joaquim depositar *12* prestações antecipadas de apenas *R$ 1.300* em uma aplicação que rende *1,3888% a.m.*, é claro que ele não conseguirá acumular *R$ 20.000* em um ano. Sabendo disso, ele deseja depositar uma quantia a mais junto com a parcela do final do sexto mês. A dúvida é quanto deve ser depositado. O DFC da operação é:

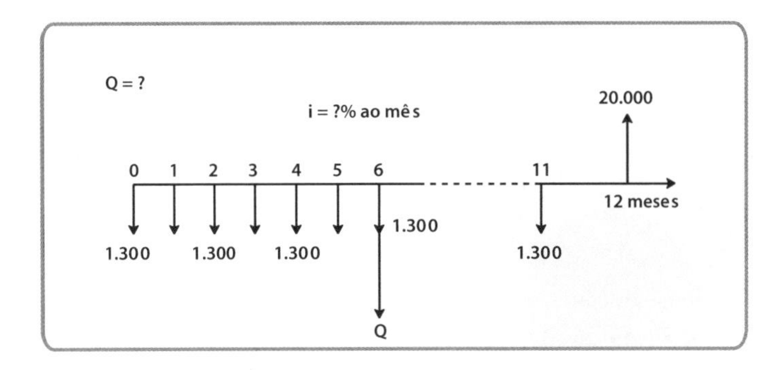

COMENTÁRIO

A seta Q representa essa quantia e se encontra no final do sexto mês, na mesma data do sétimo depósito. Essa questão pode confundir. Muitos colocam Q junto com a sexta parcela, mas não é isso que está no enunciado. O final do sexto mês *não* coincide sempre com a data da sexta parcela. Portanto, devemo-nos ater simplesmente à informação *final do sexto mês*.

O processo de resolução é o seguinte: primeiramente, calcula-se quanto o sr. Joaquim conseguirá acumular após um ano depositando 12 parcelas antecipadas de *R$ 1.300* à taxa de *1,3888%* a.m.

Pela HP-12C:

<f> <CLx>
<g> <BEGIN>
12 <n>
1300 <CHS> <PMT>
1,3888 <i>
<FV>
No visor, aparece *17082,51*.

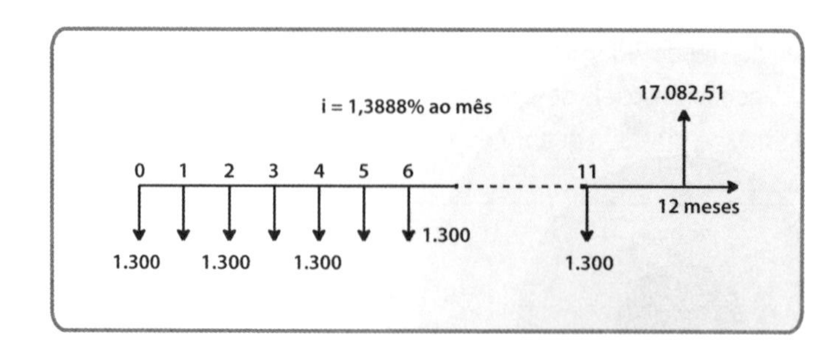

Pelo Excel:

Seleciona-se a célula da planilha onde se deseja que a resposta apareça. Clica-se no ícone <*fx*>, insere-se função. Seleciona-se a categoria *FINANCEIRA*. Seleciona-se a função *VF*. Clica-se <OK>. No espaço denotado por *TAXA*, escreve-se *1,3888%*. No espaço denotado por *NPER*, escreve-se *12*. No espaço denotado por *PGTO*, escreve-se *–1300*. Deixa-se o espaço denotado por *VP* em branco. No espaço denotado por *TIPO*, escreve-se *1*, pois a série é antecipada. Clica-se <OK> ou pressiona-se <Enter> no teclado. A solução aparece na célula previamente selecionada: *17082,51*. Como previsto, o sr. Joaquim não atinge os *R$ 20.000*. Ficam faltando *R$ 2.917,49*, ou seja, *R$* 20.000 – *R$ 17.082,51*, ao final de um ano. Esse montante em falta deve ser suprido pelo depósito adicional ao final do sexto mês. Como esse depósito renderá juros por *seis* meses, ele será menor do que *R$ 2.917,49*. Agora, calcula-se o valor do depósito que será necessário.

Agora vamos saber quanto depositar na *data 6* para obtermos a diferença para *R$ 20.000* na *data 12*:

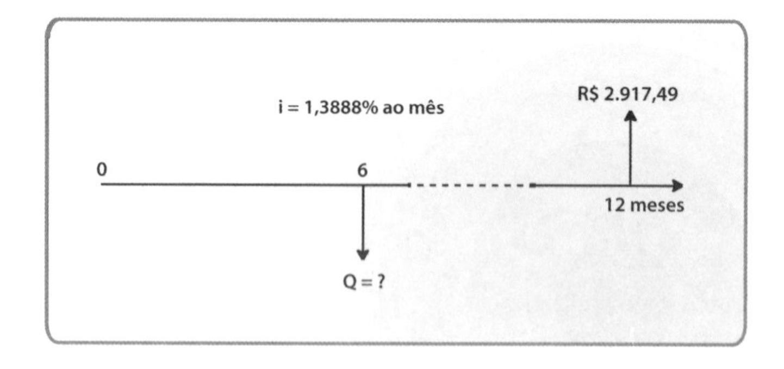

Pela HP-12C:

<f> <CLx>

6 <n>

2917,49 <FV>

1,3888 <i>

<PV>

No visor, tem-se *–2.685,77*.

Pelo Excel:

Seleciona-se a célula da planilha onde se deseja que a resposta apareça. Clica-se no ícone *<fx>*, insere-se função. Seleciona-se a categoria *FINANCEIRA*. Seleciona-se a função *VP*. Clica-se <OK>. No espaço denotado por *TAXA*, escreve-se *1,3888%*. No espaço denotado por *NPER*, escreve-se *6*. Deixa-se o espaço denotado por *PGTO* em branco. Escreve-se *2917,49* no espaço denotado por *VF*. Deixa-se o espaço denotado por *TIPO* em branco. Clica-se <OK> ou pressiona-se <Enter> no teclado. A solução aparece na célula previamente selecionada: *–2685,775985*. Ou seja, o sr. Joaquim precisa depositar *R$ 2.685,76* junto com os *R$ 1.300,00* da sétima parcela ao final do sexto mês.

Prestações perpétuas

CONCEITO-CHAVE

Como o nome já diz, prestações perpétuas são prestações que não acabam jamais, por exemplo, um plano de aposentadoria. Muitas vezes, poupa-se dinheiro por meio de depósitos periódicos e, dessa forma, acumula-se a quantia necessária para permitir, a partir de uma determinada data, retiradas periódicas de valores constantes, sem prazo final.

Para se obter a fórmula para o caso de prestações uniformes perpétuas, basta fazer o número de prestações tender a infinito nas fórmulas anteriores que envolvem *PV* e *PTM*. Como é necessário escolher uma delas, usa-se a expressão para série postecipada.

$$\mathbf{PV} = \text{PMT} \times \frac{(1+i)^n - 1}{i \times (1+i)^n}$$

$$\mathbf{PMT} = \text{PV} \times \frac{i \times (1+i)^n}{(1+i)^n - 1}$$

$$\therefore \lim_{n \to \infty} \mathbf{PMT} = \lim_{n \to \infty} \left[\text{PV} \times \frac{i \times (1+i)^n}{(1+i)^n - 1} \right]$$

$$\therefore \mathbf{PMT} = \text{PV} \times i \times \lim_{n \to \infty} \left[\frac{(1+i)^n}{(1+i)^n - 1} \right]$$

$$\therefore \mathbf{PMT} = \text{PV} \times i$$

$$\therefore \mathbf{PV} = \frac{\mathbf{PMT}}{i}$$

A partir da terceira linha, não se escreve mais limite de *PMT* quando *n* tende a infinito, porque não há variável *n* desse lado da igualdade. O lado esquerdo é independente de *n*. Os termos PV e *i* são colocados para fora do limite na terceira linha porque também independem de *n*. O quociente que permaneceu dentro do limite é a única parte da igualdade que realmente será afetada com o crescimento do número de períodos. Na quarta linha, esse quociente desaparece, pois seu limite é igual a *1*. Sabe-se que não é preciso escrever o número *1* na multiplicação por *1*. Para verificar esse fato, chame $(1 + i)^n$ de *A*. Tem-se, então, algo do tipo:

$$\frac{A}{A - 1}$$

Se *A* = *10*, tem-se:

$$\frac{10}{10 - 1} = \frac{10}{9} = \mathbf{1{,}11111}$$

Se $A = 100$, tem-se:

$$\frac{100}{100 - 1} = \frac{100}{99} = \mathbf{1{,}010101}$$

Se $A = 1.000$, tem-se:

$$\frac{1000}{1000 - 1} = \frac{1000}{999} = \mathbf{1{,}001001}$$

À medida que A cresce, o quociente se aproxima de 1. Dessa forma, quando A estiver perto do infinito, o quociente estará perto de 1, sendo considerado igual a 1. Do mesmo modo, quando n tende a infinito, o valor de $(1 + i)^n$ cresce para infinito, originando a mesma sequência de quocientes anterior. Dessa maneira:

$$\lim_{n \to \infty} \frac{(1+i)^n}{(1+i)^n - 1} = 1$$

O diagrama de fluxos de caixa que representa uma série postecipada de prestações perpétuas é o seguinte:

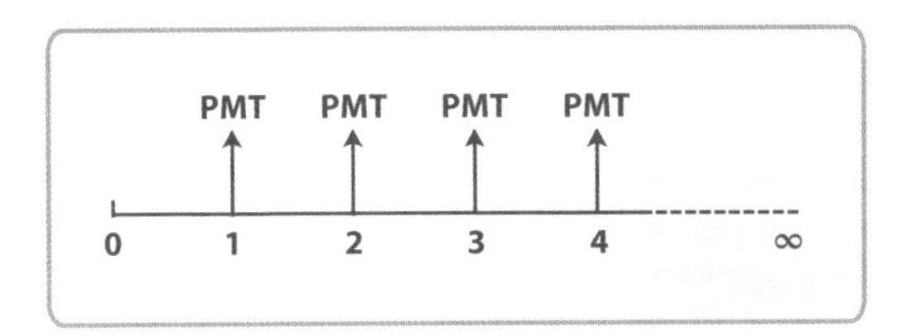

Ao escrever o símbolo ∞ (infinito) abaixo da linha pontilhada, indica-se que ocorrerão prestações iguais a PMT indefinidamente. Pela fórmula desenvolvida, pretende-se encontrar o valor presente equivalente à série postecipada de prestações perpétuas dada pelo diagrama anterior. Em outras palavras, procura-se o valor de PV no diagrama apresentado a seguir, para que os diagramas sejam equivalentes:

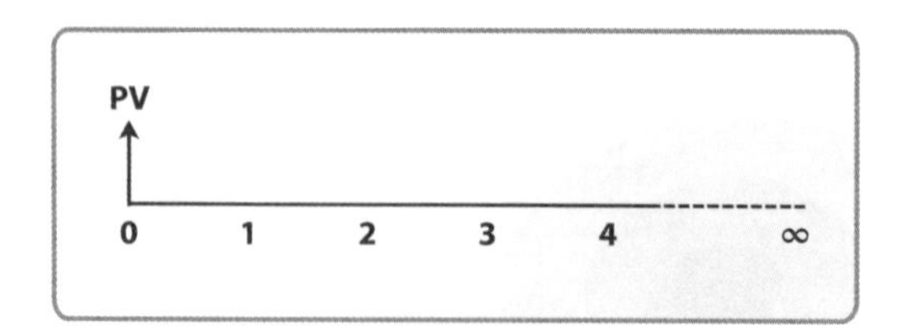

Perceba que, tanto a seta que representa o PV (nesse DFC), quanto as que representam os PMTs (no DFC anterior) estão apontando para o mesmo lado – no caso, para cima –, pois são fluxos equivalentes. Mas, obviamente, é possível entender os diagramas de mais de uma maneira. Se a intenção for encontrar a quantia necessária a ser depositada hoje (valor presente) para permitir infinitas retiradas periódicas postecipadas, o PV, por ser uma saída de caixa, deve ser representado por uma seta apontando para baixo. Já as retiradas serão representadas por setas apontando para cima, pois são entradas de caixa, como no diagrama que se segue:

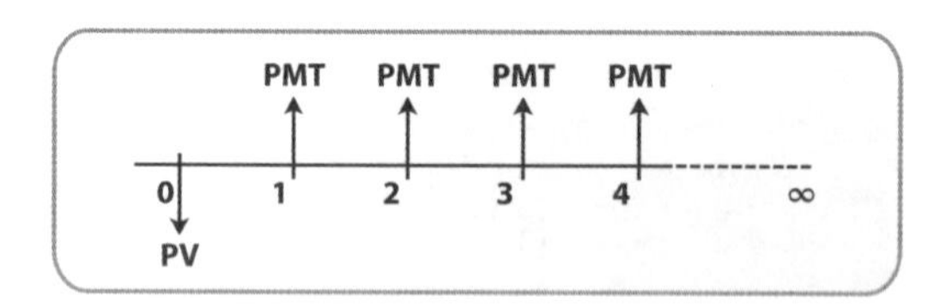

No caso de uma série antecipada, analisa-se a resposta pelo diagrama de fluxos de caixa. Como a série é antecipada, haverá uma prestação na data inicial:

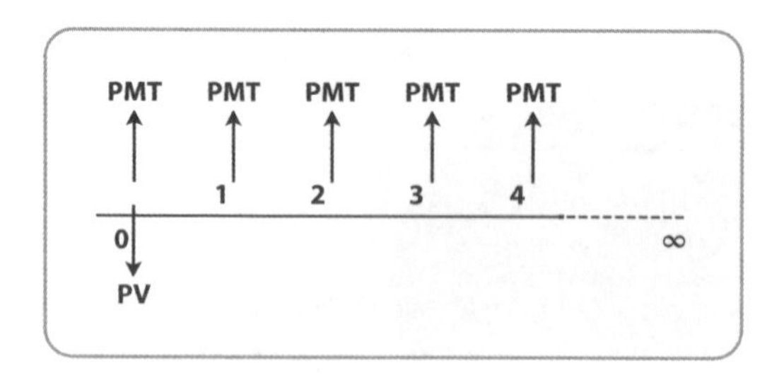

Os diagramas para séries perpétuas postecipada e antecipada são idênticos, exceto pela prestação na data *0*, já que não há prazo para terminar. Na série antecipada, haverá uma prestação a mais, exatamente na data do valor presente. Dessa forma, para que PV continue equivalente à série de prestações, seu valor deve ser acrescido de um PMT na fórmula para série postecipada. Segundo a fórmula

$$PV = \frac{PMT}{i} + PMT$$

o PMT que não está sendo dividido pela taxa é justamente o PMT da data inicial. Quando se quer obter a expressão diretamente da fórmula envolvendo PV e PMT para séries antecipadas, calcula-se:

$$PV \times (1+i)^n = (PMT \times (1+i)) \times \frac{(1+i)^n - 1}{i}$$

$$\therefore\ PV = PMT \times \frac{(1+i)^n - 1}{i \times (1+i)^{n-1}}$$

Quanto é preciso ter hoje, em uma conta que rende *3% a.m.*, para se dispor, já a partir do próximo mês, de uma renda vitalícia de *R$ 3.000* mensais? Temos:

- valor das prestações (*PMT*) = *3.000*;
- taxa de juros (*i*) = 3% a.m. = 3/100 = *0,03 a.m.*

Em problemas desse tipo, deve-se supor sempre que o saldo em conta, após cada retirada, permanece rendendo à taxa informada. O prazo é infinito, e agora é preciso saber o valor presente (*PV*). Pela fórmula, temos:

$$PV = \frac{PMT}{i} = \frac{3000}{3\%} = 100.000$$

Em um financiamento de *R$ 100.000* que tenha sido contratado para pagamento em *quatro* parcelas mensais e postecipadas à taxa de juros de *5% a.m.*, qual o valor das prestações, supondo uma série uniforme de pagamentos?

Usando a HP-12C, tecla-se:

<g> <END>

100000 <PV>

5 <i>

4 <n>

<PMT>

No visor, chega-se a *–28201,18*. O DFC dessa operação é o seguinte:

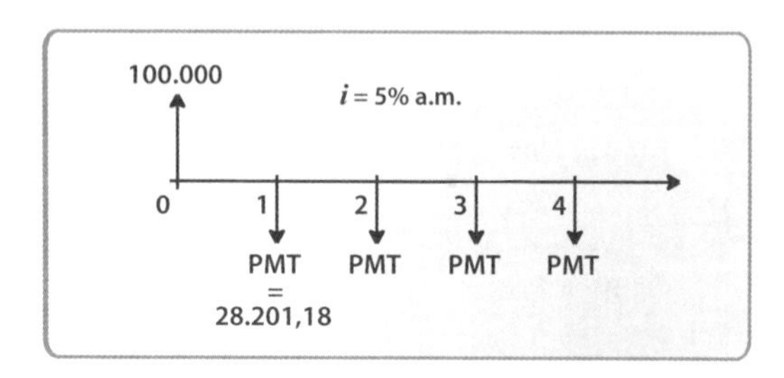

De acordo com os dados do exemplo anterior, atente-se para o fato de que a soma das *quatro* parcelas é maior do que *R$ 100.000*. Ou seja, 4 × R$ 28.201,18 = *R$ 112.804,72*. Essa soma é maior porque também há juros envolvidos.

Ainda no exemplo introdutório, do financiamento no valor de R$ 100.000, entende-se que a devolução dos R$ 100.000 se refere à amortização. O pagamento pelo uso desse dinheiro corresponde aos juros. Em outras palavras, se a soma das prestações é uma soma de *principal + juros*, isto é:

112.804,72 = 100.000 + 12.804,72.

Cada prestação é a soma de um pouco de principal mais um pouco de juros. Ou seja:

PMT = amortização + juros.

> **AMORTIZAÇÃO**
>
> Valor, dentro da prestação, correspondente à devolução do principal.

> **EXEMPLO**
>
> Agora, supõe-se um empréstimo de *R$ 1.000* à taxa de *10% a.m.* Ao final do primeiro mês, o montante devido é de *R$ 1.100*, pois foram acrescentados *R$ 100* de juros. Se pagarmos *R$ 900* nessa data, ainda restarão *R$ 200* de *saldo devedor*. Pode-se entender esse resultado de duas maneiras.
>
> 200 = 1.100 – 900 ou 200 = 1000 – 800.

A segunda maneira só considera o saldo devedor e a amortização. Ao pagar uma prestação de *R$ 900*, tira-se *R$ 100* dos juros e sobram *R$ 800*, que serão abatidos do saldo devedor original. Se, ao final do primeiro mês, pagarmos uma prestação de *R$ 300*, o saldo devedor será amortizado em *R$ 200*, já que *R$ 100* são para pagamento dos juros. Se a prestação for de *R$ 100*, o saldo devedor não será amortizado, pois a totalidade da prestação foi consumida pelo pagamento dos juros. Ou seja, não sobrou nenhum centavo para a amortização.

Existem numerosos tipos de sistemas de amortização. Pode-se, inclusive, criar um aqui neste texto. Nada mais simples. Todos os sistemas são baseados na decomposição da prestação em juros mais amortização. Mais detalhadamente, em juros sobre o saldo devedor e a amortização do saldo devedor. No pagamento da terceira parcela, por exemplo, a prestação, PMT_3, será dada por:

$$PMT_3 = J_3 + A_3$$

onde J_3 é o juro, à taxa i, sobre o saldo devedor após o pagamento da segunda parcela, dado por:

$$J_3 = SD2 \times i.$$

EM RESUMO

A_3 é a amortização, e SD_2 é o saldo devedor ao final do período 2.

Por definição, a amortização e o saldo devedor ao final do terceiro período são dados por:

$$A_3 = PMT_3 - J_3$$

$$SD_3 = SD_2 - A_3$$

Essas relações servem para qualquer tipo de sistema de amortização. Entretanto, nosso interesse está voltado para apenas dois deles:

- o sistema francês de amortização (SFA);
- o sistema de amortização constante (SAC).

Sistema francês de amortização (SFA)

Em um financiamento de *R$ 100.000*, contratado para pagamento em *quatro* parcelas mensais e postecipadas à taxa de juros de *5% a.m.*, qual será o valor das prestações, considerando uma série uniforme de pagamentos?

Pela HP-12C:

<g> <END>
100000 <PV>
5 <i>
4 <n>
<PMT>
No visor, aparece *–28201,18*. O DFC dessa operação é o seguinte:

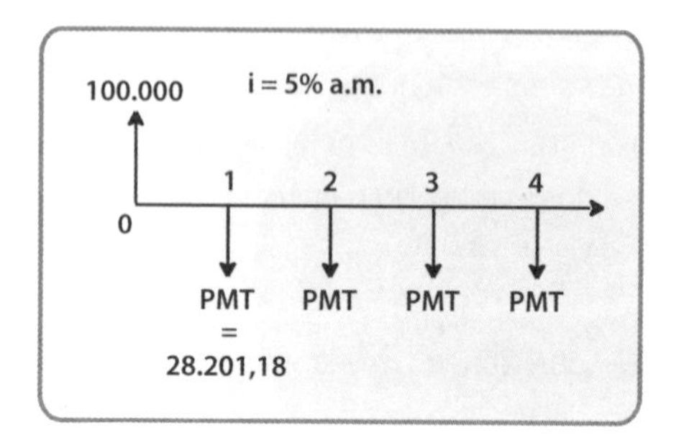

A soma das quatro parcelas é maior do que R$ 100.000. Ou seja, 4 × R$ 28.201,18 = R$ 112.804,72. Cada prestação (PMT) é composta por uma parcela de juros e uma parcela de amortização.

CONCEITO-CHAVE

O sistema francês de amortização (SFA) é também conhecido como tabela Price ou, simplesmente, sistema Price e é o sistema mais utilizado pelo mercado financeiro. Caracteriza-se por apresentar prestações constantes, periódicas, postecipadas e sucessivas. O critério para o cálculo da prestação no SFA é semelhante ao critério de uma série de prestações uniformes.

Em um financiamento de *R$ 100.000* a ser amortizado em *quatro* prestações mensais, à taxa de *5% a.m.*, é preciso preencher a seguinte tabela:

Período *n*	PMT	Juros	Amortização	Saldo devedor
0				R$ 100.000
1				
2				
3				
4				

Deve-se calcular o valor das prestações constantes. Como se vê, esse cálculo é semelhante ao cálculo da prestação em séries uniformes. Na HP-12C:

<10000> <END>

4 <n>

5 <i>

<PMT>

No visor, aparece como resposta –28201,18?

Dessa forma, preenchem-se as colunas das prestações:

Período *n*	PMT	Juros	Amortização	Saldo devedor
0				R$ 100.000
1	R$ 28.201,18			
2	R$ 28.201,18			
3	R$ 28.201,18			
4	R$ 28.201,18			

Em termos de diagrama de fluxos de caixa, tem-se o seguinte:

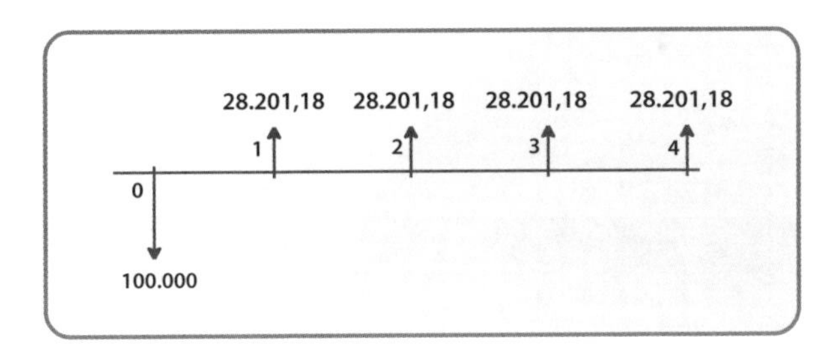

É preciso montar a linha do período $n = 1$ para as outras três colunas, tendo como base as expressões apresentadas:

$J_1 = SD_0 \times i$

- $SD_0 = 100.000$;
- $i = 5\% = 0,05$.

$J_1 = 100.000 \times 0,05 = 5.000$

$A_1 = PMT - J_1$

$A_1 = 28.201,18 - 5.000 = 23.201,18$

$SD_1 = SD_0 - A_1$

$SD_1 = 100.000 - 23.201,18 = 76.798,83$

Preenche-se, então, a segunda linha:

Período *n*	PMT	Juros	Amortização	Saldo devedor
0				R$ 100.000
1	R$ 28.201,18	R$ 5.000	R$ 23.201,18	R$ 76.798,82
2	R$ 28.201,18			
3	R$ 28.201,18			
4	R$ 28.201,18			

Montando a linha de $n = 2$:

$J_2 = SD_1 \times i$

$J_2 = 76.798{,}82 \times 5\% = 3.839{,}94$

$A_2 = PMT - J_2$

$A_2 = 28.201{,}18 - 3.839{,}94 = 24.361{,}24$

$SD_2 = SD_1 - A_2$

$SD_2 = 76.798{,}82 - 24.361{,}24 = 52.437{,}58$.

A tabela se transforma em:

Período *n*	PMT	Juros	Amortização	Saldo devedor
0				R$ 100.000
1	R$ 28.201,18	R$ 5.000	R$ 23.201,18	R$ 76.798,82
2	R$ 28.201,18	R$ 3.839,94	R$ 24.361,24	R$ 52.437,58
3	R$ 28.201,18			
4	R$ 28.201,18			

Usando o mesmo procedimento, montam-se as linhas de $n = 3$ e $n = 4$, obtendo:

Período *n*	PMT	Juros	Amortização	Saldo devedor
0				R$ 100.000
1	R$ 28.201,18	R$ 5.000	R$ 23.201,18	R$ 76.798,82
2	R$ 28.201,18	R$ 3.839,94	R$ 24.361,24	R$ 52.437,58
3	R$ 28.201,18	R$ 2.621,88	R$ 25.579,30	R$ 26.858,28
4	R$ 28.201,18	R$ 1.342,91	R$ 26.858,27	R$ 0,01

Ao final da tabela, o saldo devedor deve ser nulo. Muitas vezes – como no exemplo – existe uma diferença para zero, já que o resto é, simplesmente, fruto dos sucessivos arredondamentos durante o processo.

COMENTÁRIO

Não faz sentido usar a HP, já que o processo é muito lento. É bem mais indicado, nesse caso, utilizar o Excel.

Sistema de amortização constante (SAC)

CONCEITO-CHAVE

O sistema de amortização constante, como o próprio nome indica, caracteriza-se por amortizações em valores constantes. As prestações são postecipadas, imediatas, e seus valores dependem da cota de amortização, cujo valor depende do número de períodos da operação e é dado por:

$A_k = SD/n$.

SD é o saldo devedor no início da operação, enquanto *n* é o número total de períodos. A prestação continua sendo a soma dos juros com a amortização. Os valores dos juros e do saldo devedor em cada período são dados pelas mesmas expressões anteriores.

No mesmo financiamento de *R$ 100.000*, amortizado em quatro prestações mensais, com taxa de juros igual a *5% a.m.*, é preciso preencher a seguinte tabela:

Período *n*	Amortização	Juros	PMT	Saldo devedor
0				R$ 100.000
1				
2				
3				
4				

COMENTÁRIO

Em relação à tabela do exemplo anterior, a coluna da prestação (PMT) trocou de lugar com a coluna da amortização. Essa troca de posição é apenas para efeito didático, já que começa a montagem pela amortização. Poderia ter sido mantida a tabela em sua forma original.

Para o cálculo do valor da amortização constante:

$A = SD/n$

$A = 100.000/4 = 25.000$

O plano de amortização prevê que os *R$ 100.000* sejam devolvidos em *quatro* amortizações iguais. Assim, para encontrar o valor da amortização, basta dividir o saldo devedor por *quatro*. Observe-se que *R$ 25.000* não é o valor das prestações. Esse valor é somente a amortização. Ainda é preciso calcular os juros e somá-los à amortização para termos o valor das prestações. A coluna amortização é preenchida da seguinte forma:

Período *n*	**Amortização**	**Juros**	**PMT**	**Saldo devedor**
0				R$ 100.000
1	R$ 25.000			
2	R$ 25.000			
3	R$ 25.000			
4	R$ 25.000			

O cálculo do saldo devedor depende unicamente do saldo devedor do período anterior e da amortização do período em questão. Dessa forma, preenche-se a última coluna:

Período *n*	**Amortização**	**Juros**	**PMT**	**Saldo devedor**
0				R$ 100.000
1	R$ 25.000			R$ 100.000 – R$ 25.000 = *R$ 75.000*
2	R$ 25.000			R$ 75.000 – R$ 25.000 = *R$ 50.000*
3	R$ 25.000			R$ 50.000 – R$ 25.000 = *R$ 25.000*
4	R$ 25.000			R$ 25.000 – R$ 25.000 = *R$ 0*

Os juros são calculados aplicando-se a taxa ao saldo devedor (*SD*). Logo, para o período *n = 1*, tem-se:

$J_1 = SD_0 \times i$

$J_1 = 100.000 \times 0{,}05 = 5.000.$

A prestação valerá:

$PMT_1 = {}_1 + A$

$PMT_1 = 5.000 + 25.000 = 30.000.$

Atualizando a tabela, tem-se:

Período *n*	Amortização	Juros	PMT	Saldo devedor
0				R$ 100.000
1	R$ 25.000	R$ 5.000	R$ 30.000	R$ 75.000
2	R$ 25.000			R$ 50.000
3	R$ 25.000			R$ 25.000
4	R$ 25.000			R$ 0

Usando o mesmo procedimento, é possível calcular os juros e as prestações para cada um dos períodos, obtendo:

Período *n*	Amortização	Juros	PMT	Saldo devedor
0				R$ 100.000
1	R$ 25.000	R$ 5.000	R$ 30.000	R$ 75.000
2	R$ 25.000	R$ 3.750	R$ 28.750	R$ 50.000
3	R$ 25.000	R$ 2.500	R$ 27.500	R$ 25.000,
4	R$ 25.000	R$ 1.250	R$ 26.250	R$ 0

Com as prestações calculadas, podemos montar o diagrama de fluxos de caixa:

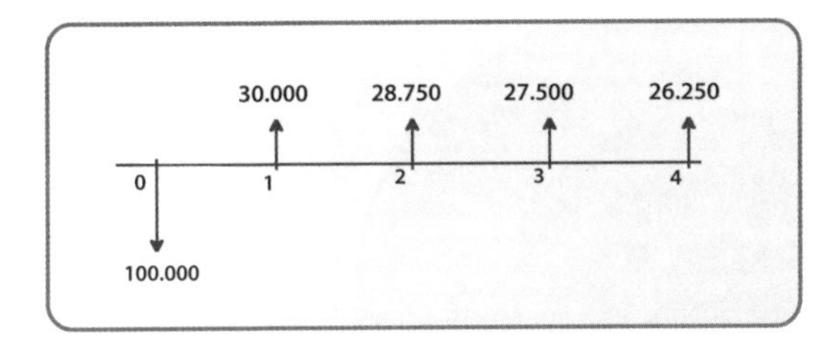

COMENTÁRIO

Qual dos dois sistemas é mais interessante? Qual escolher? A escolha depende, primeiramente, do lado da operação em que se está. A opinião deve variar conforme sua posição – se representa o *banco* ou o cliente. Em outras palavras, se é quem empresta ou quem toma o dinheiro emprestado.

Suponha-se estar representando o banco. Qual dos dois sistemas de amortização é a melhor escolha? A melhor escolha depende, basicamente, de dois fatores:

- somatório de juros;
- perfil do cliente.

Se a preocupação for, simplesmente, com o somatório dos juros recebidos na operação, deve-se optar pelo sistema Price. Nesse sistema, o total de juros pagos pelo cliente é maior. Relembre os valores utilizados no exemplo anterior. Assim, no sistema Price:

Período *n*	**Juros**
0	
1	R$ 5.000
2	R$ 3.839,94
3	R$ 1.342,90
4	R$ 1.342,90
Soma	**R$ 12.804,72**

Agora, no sistema de amortização constante:

Período *n*	**Juros**
0	
1	R$ 5.000
2	R$ 3.750
3	R$ 2.500
4	R$ 1.250
Soma	**R$ 12.500**

No sistema Price, a soma é de *R$ 12.804,72*. Já no sistema de amortização constante, a soma é de *R$ 12.500*. Portanto, embolsa-se a maior quantia por meio do sistema Price. Os bancos, por definição, vivem de juros. Logo, quanto maiores forem os juros, melhor. Ocorre que nem sempre os juros cobrados se transformam em juros recebidos. Isso depende do perfil do cliente.

Se o cliente se mostrar um mau pagador, é melhor que ele devolva o dinheiro emprestado o mais rapidamente possível. Quanto mais tempo o cliente retiver o empréstimo, mais arriscada será a operação. Logo, é mais interessante trabalhar com o sistema de amortização constante, em que as prestações são maiores no início. Nesse sentido, tal sistema proporciona maior amortização nos primeiros períodos. Além disso, quando comparado ao sistema Price, esse sistema proporciona menor saldo devedor ao longo de toda a operação. Veja os números do exemplo no sistema Price:

Período *n*	PMT (R$)	Amortização (R$)	Saldo devedor (R$)
0			100.000,00
1	28.201,18	23.201,18	76.798,82
2	28.201,18	24.361,24	52.437,58
3	28.201,18	25.579,30	26.858,28
4	28.201,18	26.858,28	0,00
Soma	**112.804,72**	**100.000,00**	

Veja, agora, os números do exemplo no sistema de amortização constante:

Período *n*	PMT (R$)	Amortização (R$)	Saldo devedor (R$)
0			100.000
1	25.000	30.000	75.000
2	25.000	28.750	50.000
3	25.000	27.500	25.000
4	25.000	26.250	0
Soma	**100.000**	**112.500**	

A amortização foi maior nos primeiros meses para o SAC. Dessa forma, o saldo devedor se manteve sempre menor. Se o cliente se mostrar bom pagador, é preferível trabalhar com o sistema Price, em que, como se vê, recebe-se mais juros. Se a prestação for exatamente igual ao valor dos juros cobrados pelo período, não haverá amortização; o cliente estará sempre devendo o principal e pagando juros.

COMENTÁRIO

Na verdade, se o risco de inadimplência for muito pequeno, o ideal, do ponto de vista do banco, é que a operação não acabe nunca. O ideal é que o cliente fique pagando juros para sempre.

Do outro lado da operação, do ponto de vista do cliente, o que importa mesmo é o fluxo de caixa. Se puder pagar prestações maiores, é melhor trabalhar com o SAC, pois pagam-se menos juros. Caso contrário, só resta o sistema Price. Mais detalhadamente, suponha-se que tenha apenas R$ 24.000 mensais para pagamento das prestações. Não se pode nem avaliar a amortização via SAC, pois nosso fluxo de caixa não nos permite isso. As primeiras prestações têm valores maiores que esse.

Pode-se deparar com casos em que a série de fluxos de caixa não seja uniforme (valores distintos entre si e/ou as datas de pagamento não mantenham uma periodicidade constante). Não existe uma lei de formação capaz de simplificar o cálculo do valor presente (*PV*), ou do valor futuro (*FV*) equivalente à série. Nesses casos, deve-se esquecer a função PGTO do Excel e a função *PMT* da HP-12C. Uma forma de encontrar o valor presente (*PV*) equivalente à série é descontar, um por um, todos os seus fluxos para a data inicial. É preciso trazer, um a um, os fluxos da série para o valor presente e, em seguida, somá-los. Esse raciocínio pode ser usado para encontrar o valor futuro equivalente. Nesse caso, é preciso levar, um a um, os fluxos da série para o final do prazo, capitalizando-os com a taxa de juros envolvida na operação.

Outra forma de fazer os cálculos de valor presente e valor futuro é usar as teclas *NPV*, CF_0 e *CFj* da HP-12C ou a função *NPV* do Excel.

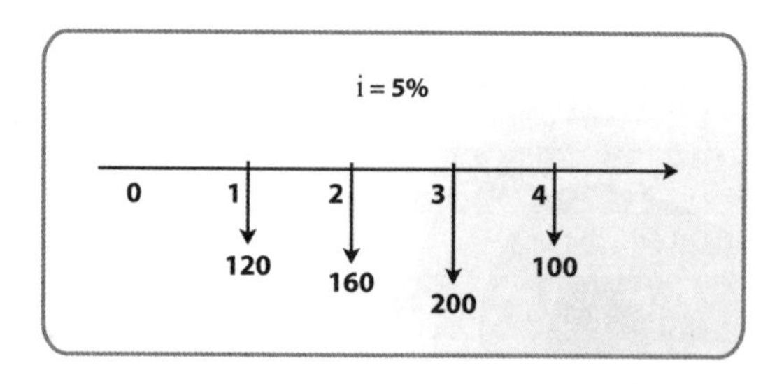

Capítulo 3

Taxa de juros efetiva e taxa de juros nominal

Neste capítulo, entenderemos como funciona o período de capitalização, destacando as diferenças entre taxa de juros efetiva e taxa de juros nominal e abordando, ainda, questões como o cheque especial e a taxa efetiva mensal. Discutiremos a diferença entre ganho aparente e ganho real e aprenderemos a calcular cada um deles. Além disso, veremos como encontrar a taxa mensal de juros da aplicação em ações e discutiremos, a partir de exemplos, como a noção de *spread* é muito parecida com a noção de taxa real.

Período de capitalização

CONCEITO-CHAVE

O período de capitalização de uma taxa de juros é o período necessário para que o capital aplicado seja capitalizado.

Se determinada taxa transforma *R$ 100* em *R$ 120* após *um ano*, tem-se que essa taxa é de 20% *a.a.*, com capitalização anual. Se outra taxa transforma uma aplicação de *R$ 500* em *R$ 510* após *um mês*, essa taxa é de 2% *a.m.*, com capitalização mensal. Esse conceito, a princípio, pode parecer irrelevante. Para que informar o período de capitalização, se já foi informada a unidade da taxa?

Algumas vezes, a unidade do período de capitalização não coincide com a unidade da taxa de juros. Nesses casos, alguns ajustes são necessários antes de iniciar, de fato, os cálculos. Uma taxa de juros é dita *efetiva*, se sua unidade coincide com a unidade do período de capitalização.

PERÍODO DE CAPITALIZAÇÃO

Prazo necessário para que a capitalização incida sobre o principal.

Considerando 20% a.a., com capitalização anual:
• unidade da taxa = ano;
• período de capitalização = ano.

Considerando 8% a.m., com capitalização mensal:
• unidade da taxa = mês;
• período de capitalização = mês.

Considerando 0,5% a.d., com capitalização diária:
• unidade da taxa = dia;
• período de capitalização = dia.

Quando a taxa de juros é efetiva, não é necessário informar o período de capitalização, já que as unidades são as mesmas. As taxas são efetivas quando fornecem, efetivamente, o valor dos juros capitalizados a cada período. Por exemplo, após um ano, à taxa de juros efetiva de *20% a.a.*, com capitalização anual, uma aplicação de *R$ 200* transforma-se em *R$ 240*.

COMENTÁRIO

Nem precisa dizer que a capitalização é anual, já que a taxa é efetiva. Os juros de *R$ 40* correspondem, exatamente, a *20%* de *R$ 200*.

Uma taxa de juros é dita *nominal* se sua unidade não coincide com a unidade do período de capitalização. Por exemplo:

20% a.a., com capitalização mensal:
• unidade da taxa = ano;
• período de capitalização = mês.

8% a.m. com capitalização diária:
• unidade da taxa = mês;
• período de capitalização = dia.

15% a.m. com capitalização anual:
• unidade da taxa = mês;
período de capitalização = ano.

Suponha-se que o problema informe uma taxa de juros nominal. Antes de resolver a questão propriamente dita, é preciso encontrar a taxa efetiva correspondente à taxa nominal. Em outras palavras, deve-se encontrar a taxa de juros efetiva equivalente à taxa de juros nominal informada.

EXEMPLO

Nos financiamentos de casa própria, a taxa de juros é, normalmente, de *12% a.a.*, com capitalização mensal. Como a unidade da taxa não corresponde à unidade do período de capitalização, essa taxa é nominal. Suponha-se que essa taxa fosse efetiva. Por exemplo, *12% a.a.* com capitalização anual. Os juros cobrados pelo financiamento de *R$ 100* durante *um* ano seriam efetivamente iguais a *R$ 12*. Esse quadro não acontece no caso de taxa de juros nominal. É preciso, portanto, transformar a taxa de juros nominal em taxa de juros efetiva.

O processo para transformação da taxa de juros nominal em efetiva é bem simples. A unidade da taxa de juros é *ano*. A unidade do período de capitalização é *mês*. Dessa forma, durante o prazo dado pela unidade da taxa de juros, haverá *12* capitalizações mensais. Cabem *12* períodos de capitalização, já que *um* ano tem *12* meses. Por definição, a taxa efetiva equivalente à taxa nominal de 12% a.a., com capitalização mensal, é:

$$\textbf{taxa efetiva} = \frac{\text{taxa nominal}}{12} =$$

$$= \frac{12\%\ \text{a.a.}}{12} =$$

$$= \mathbf{1\%\ ao\ m\hat{e}s}$$

Após a última igualdade, apenas informar a unidade da taxa de juros. Nada mais a dizer sobre o período de capitalização. Ao dividir a taxa nominal por *12*, está-se dividindo a unidade da taxa (ano) por *12*. Por esse motivo, *o ano vira mês*. O período de capitalização permanece inalterado. Dessa forma, 12% a.a. com capitalização mensal são equivalentes a 1% a.m. com capitalização mensal ou, simplesmente, 1% a.m.

A taxa de *1% a.m.* é efetiva. Os juros cobrados, portanto, pelo financiamento de *R$ 100* durante um mês são efetivamente iguais a *R$ 1*. Após um mês, a dívida de *R$ 100* se transforma em uma dívida de *R$ 101*. Se esse valor não for quitado, no próximo mês, os juros serão cobrados em cima de *R$ 101*. Lembre-se de que se está sob o regime de juros compostos. Dessa forma, após o segundo mês, deve-se acrescentar à dívida o valor *R$ 1,01*, referente aos juros do segundo mês. Esse valor é efetivamente igual a 1% de R$ 101.

A cada novo mês, se nenhuma quantia for devolvida, os juros serão maiores. Os juros sempre serão equivalentes a *1%* do valor presente do período. Após um ano, o somatório dos juros devidos será naturalmente superior a *R$ 12*. Veja em quanto estará essa dívida, sendo:

- valor presente (PV) = 100;
- taxa de juros efetiva (i) = 1% a.m.;
- prazo (n) = 1 ano ou 12 meses, para uniformizar essa unidade com a unidade da taxa de juros.

$$FV = PV \times (1 + i)^n$$
$$= 100 \times (1 + 1\%)^{12}$$
$$= 100 \times (1{,}01)^{12}$$
$$= 100 \times 1{,}1268$$
$$= 112{,}68$$

Após um ano, o somatório dos juros é igual a 112,6825 – 100 = *R$ 12,6825*. Ao tomar um empréstimo de *R$ 100* à taxa de *12% a.a.*, com capitalização mensal, não se está pagando, no fim das contas, efetivamente, *R$ 12* de juros após um ano, mas sim *R$ 12,6825*. Pode-se dizer que a taxa anual efetiva é de 12,6825%. Essa taxa é equivalente à taxa efetiva de *1% a.m.* e é equivalente à taxa nominal de *12% a.a.*, com capitalização mensal.

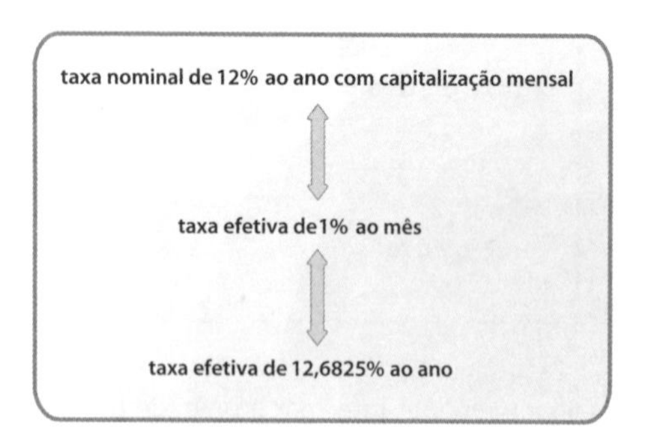

Muitas vezes, nos boletos de pagamento das parcelas de um financiamento de casa própria, tem-se a informação de que a taxa de juros é de *12% a.a.* Não há nenhuma referência ao período de capitalização, o que induz a pensar que essa taxa é efetiva – o que não é verdade. A informação do boleto está incompleta. A informação deveria contemplar o período de capitalização. Entretanto, ao ler o contrato, entende-se que *serão cobrados*

juros a uma taxa nominal de 12% a.a, efetivamente 12,68% a.a. Dessa forma, fica afastada qualquer dúvida quanto ao valor efetivo dos juros.

Outro exemplo são os juros do cheque especial. O banco nos cobra uma taxa de *6% a.m.* Essa taxa, entretanto, é nominal, pois o período de capitalização é diário. Para saber quanto de juros se paga, efetivamente, após um mês, é preciso encontrar a taxa efetiva equivalente a *6% a.m.*, com capitalização diária. Após a última igualdade, apenas se informa a unidade da taxa de juros. Nada mais se fala sobre período de capitalização.

$$\textbf{taxa efetiva} = \frac{\text{taxa nominal}}{30} = \frac{6\%}{30} = \textbf{0,2\% ao dia}$$

O certo é dividir a taxa nominal por *30*, pois se utiliza o ano comercial, no qual todo mês tem 30 dias. Essa conta transforma a unidade da taxa de *mês* para *dia*. O período de capitalização permanece inalterado. Dessa forma, *6% a.m.* com capitalização diária são equivalentes a *0,2% a.d.* com capitalização diária ou, simplesmente, 0,2% a.d.

Agora é preciso encontrar a taxa efetiva mensal equivalente a *0,2% a.d.* e, portanto, equivalente a *6% a.m.* com capitalização diária. Considera-se uma aplicação fictícia de *R$ 100* à taxa de *0,2% a.d.*, pelo prazo de *30* dias.

Utilizando a HP-12C, tecla-se:

100 <CHS> <PV>

0,2 <*i*>

30 <*n*>

<FV>.

No visor, teremos *106,18*. Os juros efetivamente cobrados pelo saldo negativo de *R$ 100* durante um mês de cheque especial são de 106,18 – 100 = *R$ 6,18*. Dessa forma, a taxa efetiva mensal é de *6,18%*.

Poder de compra

Imagine-se, agora, o empréstimo de *R$ 1.000* para um amigo e o acordo de receber *R$ 1.100* depois de um ano. Quanto realmente se ganhará? *R$ 100*? Mais? Menos? Depende de quanto foi a inflação durante esse ano. Se a inflação foi de *10% a.a.*, não se ganha realmente nada. Os *R$ 100* de juros são apenas um ganho aparente.

> **INFLAÇÃO**
>
> Diminuição do poder de compra do dinheiro, ou, popularmente, o aumento geral dos preços.

> **EXEMPLO**
>
> Com uma inflação de *10% a.a.*, o que se comprava por *R$ 1.000* há um ano – uma TV de 29 polegadas – hoje é comprado por *R$ 1.100*. Como se tinha *R$ 1.000* um ano atrás, era possível comprar a televisão. Passado um ano, tem-se *R$ 100* a mais em conta, fruto do empréstimo ao amigo. O poder de compra, no entanto, ficou inalterado, já que a inflação elevou o preço da televisão para *R$ 1.100*. Se o poder de compra ficou inalterado, não houve ganho real.

Suponha-se uma aplicação à taxa de juros efetiva de 32% ao ano. Se, durante esse mesmo ano, a inflação foi de *20%*, qual foi nosso ganho real? Será que o cálculo pode ser feito diretamente como *32% – 20% = 12%*?

Atenção! Descontar a inflação do ganho aparente no regime de juros compostos não significa subtrair. Significa dividir. Para entender a transformação do ganho aparente em ganho real, veja o problema da aplicação a *32% a.a.* por outra ótica.

> **EXEMPLO**
>
> Suponha-se que fosse possível comprar uma caneta esferográfica por *R$ 1* há um ano. Dessa forma, *100* canetas custavam *R$ 100*. Como a inflação foi de *20%* no ano anterior, cada caneta custa, hoje, *R$ 1,20* e as *100* canetas saem por *R$ 120*. Se uma pessoa tivesse *R$ 100* no início do ano, ela poderia comprar *100* canetas a *R$ 1* cada. Veja o lado da aplicação. Após um ano, os *R$ 100* virariam *R$ 132*, pois eles teriam sido aplicados à taxa de *32%* a.a., de acordo com a fórmula:
>
> $FV = PV \times (1 + i)^n$
>
> $FV = 100 \times (1 + 0{,}32) = 132$
>
> Como cada caneta custa agora *R$ 1,20*, a mesma pessoa pode comprar *110* canetas.
>
> $$\frac{R\$\ 132{,}00}{R\$\ 1{,}20} = 110 \text{ canetas}$$
>
> Considerando o exemplo das canetas esferográficas, o poder de compra aumentou *10%* a.a. – de *100* para *110* canetinhas. Dessa forma, descontando o efeito da inflação de *20% a.a*, o rendimento aparente de *32% a.a.* se transforma no rendimento real de *10% a.a.*, e não de *12%*.
>
> 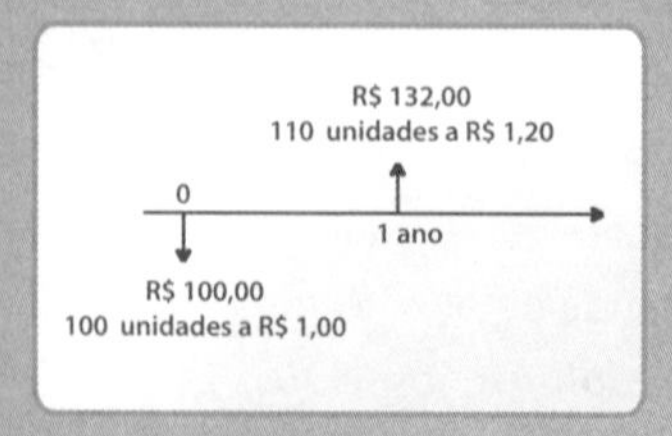
>

Relembrando o cálculo de quantas canetas podem ser compradas hoje em dia:

$$110 = \frac{132}{1,20}$$

Multiplicando os dois lados por 1/100, o resultado final não é alterado:

$$110 \times \frac{1}{100} = \frac{132}{1,20} \times \frac{1}{100}$$

$$\frac{110}{100} = \frac{132}{100} \times \frac{1}{1,20}$$

Essa expressão é equivalente a:

$$1,10 = \frac{132}{1,20}$$

Desse modo:

- *1,10 = 1 + 10% = 1 + taxa real;*
- *1,32 = 1 + 32% = 1 + taxa aparente;*
- *1,20 = 1 + 20% = 1 + inflação.*

A fórmula para encontrarmos a taxa real é:

$$\mathbf{1 + taxa\ real = \frac{(1 + taxa\ aparente)}{(1 + inflação)}}$$

Uma taxa de juros efetiva é dita *taxa de juros real* se já teve descontado o efeito da inflação.

EXEMPLO

Há *três* meses, Migenius comprou *R$ 10.000* em ações da Maycrosoft, negociadas na Bolsa de Valores de São Paulo. Sabe-se que, nesses *três* meses:

- a inflação média mensal no Brasil foi de *1,8%*;
- a ação da Maycrosoft passou de *R$ 10,75* para *R$ 12,14*.

Qual a taxa real conseguida pelo Migenius no trimestre?

Com *R$ 10.000,* Migenius compra R$ 10.000/R$ 10,75 = *930,2326* ações da Maycrosoft. Após *três* meses, essas ações valem 930,2326 × 12,14 = *R$ 11.293,02*.

Para o Migenius comprar hoje o que comprava há *três* meses com os *R$ 10.000,00* ele precisa ter *R$ 10.549,78*. Pela fórmula, tem-se:

- $PV = 10.000$;
- $i = 1{,}8\% = 1{,}8/100 = 0{,}018$;
- $n = 3$.

Aplicando a fórmula:

$$FV = PV \times (1 + i)^n$$

$$FV = 10.000 \times (1 + 0{,}018)^3$$

$$FV = 10.000 \times (1{,}018)^3$$

$$FV = 10.000 \times 1{,}05498$$

$$FV = 10.549{,}78$$

Assim, o ganho real do Migênius foi de (11.293,02/10.549,78) – 1 = 0,0705 = *7,05%* ao trimestre.

A noção de *spread* é muito parecida com a noção de taxa real. A diferença está nos fatores envolvidos. Para o cálculo da taxa real, precisamos descontar a inflação da taxa aparente. No *spread*, descontamos a taxa de captação da taxa de aplicação.

SPREAD

Diferença percentual entre a taxa de aplicação e a taxa de captação.

$$1 + spread = \frac{1 + \textbf{taxa de aplicação}}{1 + \textbf{taxa de captação}}$$

EXEMPLO

Um banco captou *R$ 5.000*, prometendo uma remuneração de *2% a.m.* O banco aplicou esse valor, comprando títulos do governo que pagam *5% a.m.* Qual foi o *spread* obtido pelo banco? Entende-se a operação antes de resolver a questão. Um banco está captando dinheiro quando o cliente:

- aplica na caderneta de poupança ou em algum fundo de investimento;
- adquire um certificado de depósito bancário (CDB);
- compra suas ações na bolsa de valores.

Para conseguir esse dinheiro, o banco se compromete a devolvê-lo mais adiante, acrescido de juros e de acordo com a taxa do investimento. No problema, o banco, de alguma forma, captou *R$ 5.000*, prometendo uma remuneração de *2% a.m.* Lá na frente, ele deverá pagar:

$FV = PV(1+i)^n$

$FV = 5.000 \times (1 + 0,02)^1$

$FV = 5.000 \times 1,02$

$FV = 5.100$

O banco aplicou o dinheiro captado comprando títulos do governo que pagam *5% a.m.* Desse modo, o banco terá a receber:

$FV = PV(1+i)^n$

$FV = 5000 \times (1 + 0,05)^1$

$FV = 5000 \times (1,05)$

$FV = 5250$

O *spread* obtido é então:

$$1 + spread = \frac{5250}{5250} = 1,02941$$

$spread = 1,02941 - 1$

$spread = 0,02941 = 2,941\%$

EXEMPLO

Um banco aplicou em um título público de *30* dias corridos a uma taxa de *6% a.m.* Quanto deverá ser a remuneração de um CDB também de *30* dias, de forma que se obtenha um *spread* de *3%* para o período – em termos efetivos? Veja o que está acontecendo. O banco captou certa quantia vendendo um CDB. Suponha-se *R$ 100* para facilitar nossos cálculos. Após *um* mês, o banco deverá devolver os *R$ 100* acrescidos dos juros. Esses juros dependerão da taxa de remuneração do CDB. Nesse problema, a incógnita não é mais o *spread*. A incógnita é a taxa de captação.

A taxa de remuneração do CDB é a taxa de captação, ou seja, quanto o banco paga para ter o dinheiro. O DFC dessa operação é:

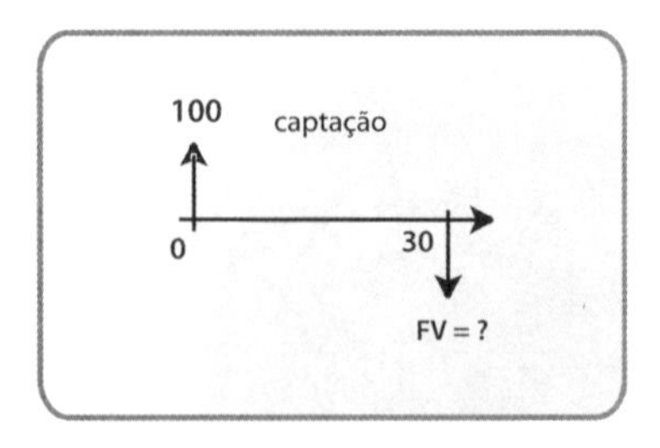

O dinheiro captado foi utilizado para a compra de um título público que remunera *6% a.m.* Dessa forma, chega-se ao seguinte DFC:

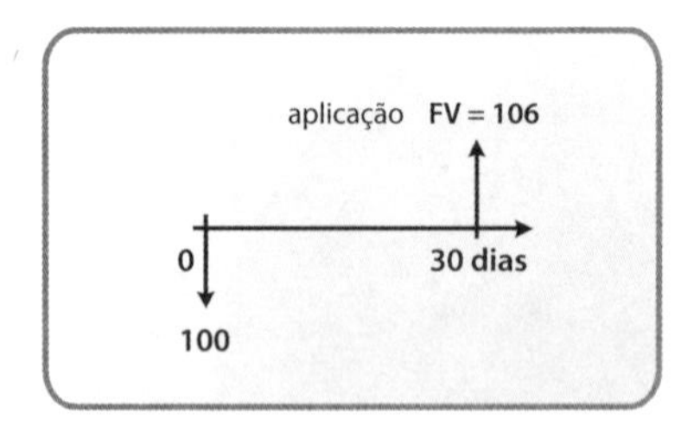

O problema informa que o *spread* foi de *3%*. Isso significa que os *R$ 106* são *3%* maiores do que o valor devolvido pelo CDB. Chame esse valor de FV captação:

1 + 0,03 = 106/(FV captação)

1,03 = 106/(FV captação)

1,03 × FV captação = 106

FV captação = 106/1,03 = *102,91*

Para pagar *R$ 102,91* por uma captação de *R$ 100* por um mês, o banco pagará uma taxa de *2,91% a.m.* pelo CDB.

Capítulo 4

Métodos de avaliação de investimentos

Neste capítulo, discutiremos como funcionam alguns métodos de avaliação de investimentos, entre eles *pay-back* simples, *pay-back* descontado – ou ajustado – e o valor presente líquido (VPL). Estudaremos os dois critérios de avaliação de um investimento mais utilizados – valor presente líquido (VPL) e taxa interna de retorno (TIR) – e veremos quatro formas de avaliar o investimento.

Pay-back

Outro método de avaliação de investimentos é a taxa interna de retorno (TIR). Por exemplo, suponhamos uma operação em que alguém quer investir *R$ 100.000* hoje, para ter um lucro de *R$ 25.000* todos os anos, durante *nove* anos. O primeiro fluxo é negativo, pois se trata de um investimento (um desembolso). Já os demais fluxos são positivos, pois representam lucros (entradas).

Anos	**Fluxos**
0	(100.000)
1	25.000
2	25.000
3	25.000
4	25.000
5	25.000
6	25.000
7	25.000
8	25.000
9	25.000

Em quanto tempo o investidor terá recuperado seu investimento inicial? Após o primeiro ano, com a entrada dos primeiros R$ 25.000, restarão R$ 100.000 – R$ 25.000 = *R$ 75.000* a serem recuperados. Ao final do segundo ano, com a entrada de mais R$ 25.000, restarão apenas R$ 75.000 – R$ 25.000 = *R$ 50.000* a recuperar. E assim por diante, de acordo com a tabela:

Anos	Fluxos	Fluxos acumulados
0	(100.000)	(100.000)
1	25.000	(75.000)
2	25.000	(50.000)
3	25.000	(25.000)
4	25.000	0
5	25.000	25.000
6	25.000	50.000
7	25.000	75.000
8	25.000	100.000
9	25.000	125.000

A coluna *fluxos acumulados* apresenta o saldo do investimento depois de as sucessivas entradas de *R$ 25.000*. Após quatro anos, o investidor terá recuperado seu investimento inicial. Esse método também é conhecido como método da recuperação.

Os R$ 25.000 do final do primeiro ano valem mais do que os R$ 25.000 do final do segundo ano. Estes, por sua vez, valem mais do que os R$ 25.000 do final do terceiro ano e assim por diante. Isso não está sendo levado em conta. Dito de outra forma, os R$ 25.000 do final do primeiro ano valem menos do que R$ 25.000 na data *0*. Os R$ 25.000 do final do segundo ano valem menos ainda. Desse modo, a recuperação do investimento inicial não se dará ao final do quarto ano.

COMENTÁRIO

É estranho que estejam sendo subtraídos valores de datas diferentes. Só é possível somar ou subtrair fluxos que estejam na mesma data. Subtrair do jeito que foi feito no método do *pay-back* simples só faz sentido e não viola essa regra se a taxa de juros da operação for igual a *0*. Só dessa maneira, os R$ 25.000 das diferentes datas são exatamente R$ 25.000 na data *0*.

Apesar da falha, o método do *pay-back* simples tem duas vantagens:

- é muito simples;
- existindo uma taxa de juros positiva, é evidente que o *pay-back* verdadeiro será posterior ao *pay-back* simples.

É possível, ainda, descartar alguns investimentos com *pay-back*. Para isso, veja como exemplo a operação do investimento de *R$ 100.000* hoje, para ter um lucro de *R$ 25.000* todos os anos, durante *nove* anos. Nesse caso, o investidor tem como critério de aceitação do projeto que o investimento seja recuperado em, no máximo, *quatro* anos. Com base no *pay-back* simples, ele pode descartá-lo. O investidor pode descartá-lo porque os quatro anos obtidos pelo método são, com certeza, menores do que o tempo no caso de haver taxa de juros envolvida.

O problema de não levar em conta a taxa de juros é solucionado pelo método do *pay-back* descontado. Suponha que exista uma taxa de juros de *15%* a.a. para a operação anterior. Ao final do primeiro ano, os *R$ 100.000* investidos valem *R$ 115.000*:

R$ 100.000 + 0,15 × R$ 100.000.

Nesse momento, acontece a primeira entrada de caixa de *R$ 25.000*, que é abatida do investimento a recuperar. Dessa forma, ficam faltando *R$ 90.000.* Ao final do segundo ano, os *R$ 90.000* estão valendo *R$ 103.500*:

R$ 90.000 + 0,15 × R$ 90.000.

A outra entrada de *R$ 25.000* será descontada desse montante. Dessa maneira, ao final do segundo ano, data *2*, restam 103.500 – 25.000 = *R$ 78.500* a recuperar. A tabela a seguir resume os cálculos até o final da vida útil do investimento, que é de *nove* anos.

Ano	**Saldo acumulado (antes da entrada de caixa)**	**Entrada de caixa**	**Saldo acumulado (depois da entrada de caixa)**
0			(110.000,00)
1	(115.000,00)	25.000,00	(90.000,00)
2	(103.500,00)	25.000,00	(78.500,00)
3	(90.275,00)	25.000,00	(65.275,00)
4	(75.066,25)	25.000,00	(50.066,25)
5	(57.576,19)	25.000,00	(32.576,19)
6	(37.462,62)	25.000,00	(12.462,62)
7	(14.332,01)	25.000,00	10.667,99
8	12.268,19	25.000,00	37.268,19
9	42.858,42	25.000,00	67.858,42

Ao final do ano *6*, ainda existia um saldo de *R$ 12.462,62* a recuperar. Ao final do ano *7*, após a sétima entrada de *R$ 25.000*, o saldo acumulado do investimento passou a ser positivo. E o desembolso inicial de *R$ 100.000* já foi recuperado. Na verdade, a recuperação aconteceu em algum momento durante o sétimo ano, nos meses de agosto ou setembro. Como você está, no entanto, contabilizando as entradas apenas anualmente, só é possível responder na unidade *ano*. Deve-se também decidir se a taxa anual seria ou não aplicada às entradas mensais. Para responder mais precisamente, seria necessário supor, por exemplo, que os *R$ 25.000* anuais são embolsados em quantias mensais iguais ao longo dos anos:

R$ 25.000/12 = *R$ 2.083,33*.

COMENTÁRIO

O custo x benefício desse detalhamento, muitas vezes, não é interessante. Por esse motivo, é necessário se contentar com a resposta em *anos*.

Há outra maneira de resolver o problema quando há taxa de juros envolvida. A solução é levar cada um dos fluxos de *R$ 25.000* para a data *0*, por intermédio dessa taxa de *15%*, e subtraí-los dos *R$ 100.000*. Os *R$ 25.000* da data *1* valem *R$ 21.739,13* na data *0*, o que se faria pela fórmula:

$PV = FV/(1 + i)^n$

$PV = 25.000 / (1 + 0,15)^1$

$PV = 25.000/1,15$

$PV = 21.739,13$

Após o fluxo positivo de *R$ 25.000* do final do ano *1* restariam, por recuperar, R$ 100.000 – R$ 21.739,13 = *R$ 78.260,87* em termos atuais. Em termos atuais, o abatimento de valores significa que as contas estão sendo feitas na data *0*. Os primeiros *R$ 25.000* estão na data *1*, de forma que não podem ser abatidos dos *R$ 100.000* da data *0*. Pode-se, no entanto, abater dos *R$ 100.000* o capital equivalente aos *R$ 25.000* na data *0*, que é, exatamente, *R$ 21.739,13*.

Os *R$ 25.000* da data *2* valem *R$ 18.903,59* na data *0*:

$PV = FV/(1 + i)^n$

$PV = 25.000/(1 + 0,15)^2$

$PV = 25.000/1,3225$

$PV = 18.903,59$

Após o fluxo positivo de *R$ 25.000* do final do ano *2* restariam, por recuperar, R$ 78.260,97 – R$ 18.903,59 = *R$ 59.357,38* em termos atuais. Essa conta, naturalmente, acontece na data *0*. Consequentemente, o resultado está na data *0*. A tabela a seguir resume todos os cálculos até o final da vida útil do investimento:

Anos	Fluxos	Fluxos	Saldo
0	(100.000,00)	(100.000,00)	(100.000,00)
1	25.000,00	21.739,13	(78.260,87)
2	25.000,00	18.903,59	(59.357,28)
3	25.000,00	16.437,91	(42.919,37)
4	25.000,00	14.293,83	(28.625,54)
5	25.000,00	12.429,42	(16.196,12)
6	25.000,00	10.808,19	(5.387,93)
7	25.000,00	9.398,43	4.010,50
8	25.000,00	8.172,54	12.183,04
9	25.000,00	7.106,56	19.289,60

Ao final do *sexto* ano, ainda existia um saldo a recuperar – qual seja, *R$ 5.387,93* em termos atuais. Ao final do ano *7*, o investimento foi totalmente recuperado. Tanto que o saldo acumulado do investimento já é positivo, de *R$ 4.010,50*. Por que o saldo ao final do sétimo ano, por essa última conta, foi de *R$ 4.010,50* e, pela conta anterior, foi de *R$ 10.667,99*? Muito simples: o valor *R$ 10.667,99* está na data *7*, ao final do sétimo ano. Já o valor *R$ 4.010,50* está na data *0*. Eles nunca poderiam ser iguais. Esses valores, entretanto, são equivalentes na taxa de juros de *15% a.a.* Utilizando a fórmula $FV = PV \times (1 + i)^n$ e sendo

- $VP = 4.010,5;$
- $i = 15\% = 15/100 = 0,15;$
- $n = 7;$

temos:

$FV = 4.010,50 \times (1 + 0,15)^7 =$

$= 4.010,50 \times (1,15)^7 =$

$= 4.010,50 \times 2,660019 =$

$FV = 10.668.$

A diferença mínima se deve aos arredondamentos ao longo dos cálculos.

O problema de não levar em conta a taxa de juros já foi resolvido. Ainda há outro problema nesse método? Imagine-se que se tenha de escolher entre os dois seguintes projetos – *A* e *B* –, de vida útil igual a *seis* anos. Para facilitar, considera-se que não há taxa de juros e que se quer, apenas, destacar o outro problema intrínseco ao método do *pay-back* (taxa de juros = *0% a.a.*).

Anos	Projeto A	Projeto B
0	(100.000)	(100.000)
1	50.000	10.000
2	30.000	30.000
3	20.000	30.000
4	10.000	30.000
5	10.000	40.000
6	10.000	50.000

Para o projeto *A*, deve-se investir, inicialmente, *R$ 100.000*, para receber, ao longo dos anos seguintes, os valores apresentados na tabela anterior. Para o projeto *B*, o investimento inicial também é de *R$ 100.000*, porém os recebimentos anuais são diferentes. Qual dos dois tem o menor *pay-back*? O investimento no projeto *A* é recuperado em *três* anos. O investimento no projeto *B* é recuperado em *quatro* anos. Será que o projeto *A* é realmente melhor do que o projeto *B*? O projeto *A* tem as maiores entradas de caixa logo nos primeiros anos. Dessa forma, seu tempo de recuperação do investimento inicial é menor. O projeto *B* tem as maiores entradas no final de sua vida útil.

A data da completa recuperação do investimento inicial é o final do ano *3* para o projeto *A* e o final do ano *4* para o projeto *B*. Após essa data, ainda existem fluxos positivos. Para o projeto *B*, os fluxos positivos são aqueles de maior valor. A soma desses fluxos positivos, após a recuperação, é *R$ 30.000* para o projeto *A* e *R$ 90.000* para o projeto *B*. Considerando *taxa de juros = 0% a.a.*, temos:

<table>
<tr><th>Anos</th><th>Projeto A</th><th>Projeto B</th></tr>
<tr><td>0</td><td>(100.000)</td><td>(100.000)</td></tr>
<tr><td>1</td><td>50.000</td><td>10.000</td></tr>
<tr><td>2</td><td>30.000</td><td>30.000</td></tr>
<tr><td>3</td><td>20.000</td><td>30.000</td></tr>
<tr><td>4</td><td rowspan="3">30.000</td><td>30.000</td></tr>
<tr><td>5</td><td rowspan="2">90.000</td></tr>
<tr><td></td></tr>
</table>

Todos os fluxos do projeto são levados em conta, desde o investimento inicial até o final de sua vida útil. O projeto *A* origina um saldo positivo final de *R$ 30.000*. Já o projeto *B* origina *R$ 90.000*. Agora, fica fácil apontar qual é o melhor deles.

COMENTÁRIO

O grande problema do método do *pay-back*, seja ele simples ou ajustado, é o fato de que ele não leva em consideração os fluxos após a recuperação do investimento inicial, e esses fluxos não podem ser desprezados. Eles fazem parte do projeto. Por esse motivo, é preciso um método que incorpore e solucione todos esses problemas de uma vez.

Critérios de avaliação

Imagine um dinheiro aplicado em um CDB que rende líquido *2% a.m.* Para tanto, considera-se que não há incidência de imposto de renda. Vale a pena emprestar *R$ 100.000* hoje para receber *R$ 12.000* mensais durante os próximos 10 meses? Como avaliar esse investimento?

VALOR PRESENTE LÍQUIDO

Diferença entre o valor presente das entradas de caixa e o valor presente das saídas de caixa.

TAXA INTERNA DE RETORNO

Taxa de juros que zera o valor presente líquido.

CDB

Título de dívida emitido pelos bancos para captação de capital.

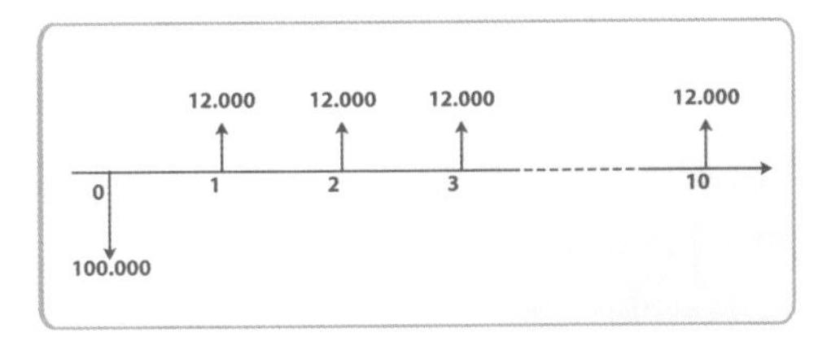

As opções são:

- deixar os *R$ 100.000* aplicados em CDB, rendendo *2% a.m.*;
- emprestar os *R$ 100.000* para recebê-los de volta em *10* parcelas mensais, postecipadas e sucessivas de *R$ 12.000*.

Pode-se encarar o problema de várias maneiras. A primeira forma de avaliar o investimento é calcular quanto se teria, após 10 meses, se os *R$ 100.000* fossem deixados no CDB. Pela fórmula $FV = PV \times (1 + i)^n$ e sendo

- $VP = 100.000$;
- $i = 2\% = 2 / 100 = 0{,}02$;
- $n = 10$;

temos:

$FV = 100.000 \times (1 + 0,02)^{10}$

$FV = 100.000 \times (1,02)^{10}$

$FV = 100.000 \times 1,2189944$

$FV = 121.899,44.$

Deixando os *R$ 100.000* no CDB desde a data *0*, chega-se a *R$ 121.899,44* ao final do prazo. Emprestando os *R$ 100.000* e aplicando as parcelas recebidas no CDB, teremos *R$ 131.396,65* ao final do prazo. Assim, fica evidente qual é a melhor opção.

COMENTÁRIO

Comparar os valores futuros dá certo e parece ser a maneira mais intuitiva, mas nem sempre é interessante porque nem sempre as alternativas de investimentos têm o mesmo prazo. Muitas vezes, depara-se com projetos de diferentes vidas úteis. Nesse caso, comparar os valores futuros significaria comparar valores em datas diferentes.

A segunda forma de avaliar o investimento é calcular quanto se deveria depositar hoje em CDB para conseguir sacar *10* parcelas mensais, postecipadas e sucessivas, no valor de *R$ 12.000* já a partir do próximo mês. Há duas maneiras de conseguir 10 parcelas de R$ 12.000:

- aplicando em CDB, seriam necessários *R$ 107.791,02* na data *0*;
- emprestando, bastariam *R$ 100.000*.

Vale mais a pena emprestar os *R$ 100.000*. Pode-se entender o valor de *R$ 107.791,02* de outra forma: *R$ 107.791,02* são o capital na data *0* equivalente às *10* parcelas de *R$ 12.000* à taxa de juros de *2% a.m.* Um gráfico exemplifica a segunda forma de avaliação:

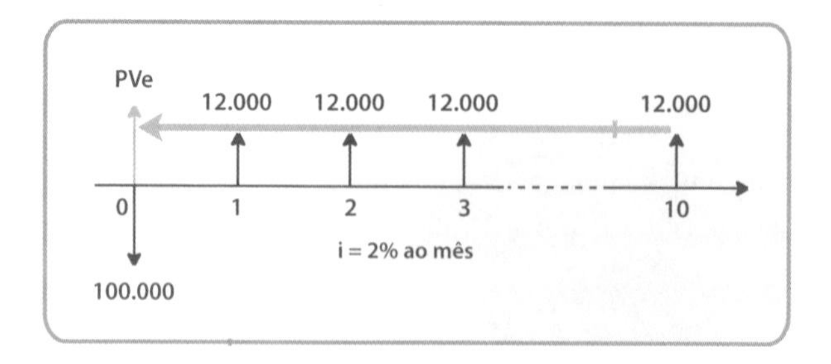

Ao emprestar os *R$ 100.000,* acorda-se receber *10* parcelas de *R$ 12.000*. Essas 10 parcelas de *R$ 12.000*, à taxa de que dispomos para aplicação, equivalem a *R$ 107.791,02*.

Ou seja, emprestar significa desembolsar *R$ 100.000* na data *0* para embolsar o equivalente a *R$ 107.791,02* na mesma data. Tem-se então:

- valor presente (PV) das entradas de caixa = *R$ 107.791,02*;
- valor presente (PV) das saídas de caixa = *R$ 100.000*.

Só houve uma saída, justamente na data *0*. Portanto:

valor presente das entradas de caixa – valor presente das saídas de caixa = R$ 107.791,02 – R$ 100.000 = *R$ 7.791,02*.

Esse resultado é o valor presente líquido do empréstimo. Como foi positivo, vale a pena emprestar.

Se o VPL é positivo, foi embolsado mais do que desembolsado. Esse é o critério do VPL:

- se *VPL > 0*, a operação avaliada é atrativa;
- se *VPL < 0*, a operação não é atrativa.

Se o *VPL* = 0, tanto faz. Deve-se decidir com base em outros fatores.

A terceira maneira de avaliar o investimento é imaginar quanto se poderia sacar, uniformemente por 10 meses, aplicando R$ 100.000 no CDB. O que se pretende é sacar todo mês, durante *10* meses, a mesma quantia. Que quantia seria essa? Se fossem aplicados os *R$ 100.000* em CDB, seria embolsado, mensalmente, menos do que no caso de emprestar o valor:

R$ 11.132,65 < R$ 12.000. Logo, nesse caso, é melhor emprestar.

Existe ainda uma quarta forma de avaliar o investimento. Pelas três maneiras de resolução anteriores, obteve-se a indicação de que é melhor emprestar do que aplicar no CDB. A operação de empréstimo deve pagar, então, uma taxa de juros superior a *2% a.m.* Especificamente nesse caso, pode-se chegar a essa conclusão. A taxa é maior do que *2% a.m.*, como se esperava.

Pode-se dizer que os *R$ 100.000*, na data *0*, são equivalentes às *10* parcelas de *R$ 12.000* à taxa de *3,46% a.m.* e que é possível conseguir *10* parcelas mensais de *R$ 12.000* depositando apenas *R$ 100.000* na data *0*. Para isso, precisa-se de uma aplicação que renda *3,46% a.m.* Veja como tudo se encaixa. Aplicando *R$ 100.000* hoje no CDB, não se obtêm as *10* parcelas de *R$ 12.000*. O que se consegue são apenas parcelas no valor de *R$ 11.132,65*. Para conseguir as parcelas de *R$ 12.000* aplicando no CDB, seria preciso depositar mais do que *R$ 100.000*, ou seja, um valor de *R$ 107.791,02*.

Suponha que não se abra mão de *10* parcelas de *R$ 12.000* a partir da aplicação de apenas *R$ 100.000* hoje. Deve-se, então, buscar uma taxa maior do que aquela de *2% a.m.* oferecida pelo CDB. Seria preciso depositar os *R$ 100.000* em uma aplicação que rendesse *3,46% a.m.* Essa taxa de *3,46% a.m.* transforma os *R$ 100.000* em *10* parcelas de *R$ 12.000*. Essa taxa é conhecida como taxa interna de retorno (TIR).

CONCEITO-CHAVE

A taxa interna de retorno (TIR) recebe esse nome porque é a taxa que está intrínseca à operação. Ao emprestar os *R$ 100.000*, recebem-se de volta *10* parcelas de *R$ 12.000*. Isso significa receber uma taxa de *3,46% a.m.* pela operação. Como a TIR é maior do que a taxa da aplicação em CDB, o empréstimo é uma operação atrativa.

Nesse momento é preciso definir um conceito importante: a taxa mínima de atratividade. Imagine uma aplicação em CDB que garanta um rendimento de *2% a.m.* Uma alternativa de investimento é emprestar *R$ 100.000* para receber as *10* parcelas de *R$ 12.000*, nas condições especificadas. Essa alternativa só interessa se o rendimento por ela proporcionado for superior ao rendimento já garantido pela aplicação no CDB. Se a taxa de juros intrínseca à operação de empréstimo for menor do que *2% a.m.*, é mais atrativo continuar investindo em CDB. Nesse caso, será mais vantajoso emprestar apenas se a taxa de juros for superior a *2% a.m.* Foi o que aconteceu.

Considerando o exemplo anterior, se a taxa interna de retorno for inferior a *2% a.m.*, não vale a pena emprestar. Se a TIR for superior a *2% a.m.*, vale a pena emprestar. A taxa de *2% a.m.* é o mínimo de rendimento exigido para a operação de empréstimo que está sendo avaliada. Por isso, essa taxa é chamada de taxa mínima de atratividade (TMA). O critério de avaliação pelo método da TIR é:

- *TIR > TMA = investimento atrativo;*
- *TIR < TMA = investimento não atrativo.*

Se TIR = TMA, tanto faz. A escolha deve ser feita com base em fatores adicionais.

Analisando a operação pelo lado do tomador do empréstimo, suponha-se que ele tenha garantido, de antemão, um empréstimo de *R$ 100.000*, com taxa de *2% a.m.* em seu banco. Será que a operação de nos tomar *R$ 100.000* emprestados para devolver em *10* parcelas de *R$ 12.000* é interessante (atrativa) para ele? Todas as contas já foram feitas, só que para a operação contrária – vista do lado daquele que empresta.

A quanto equivalem, em valor presente, as *10* prestações mensais de *R$ 12.000*? Esse DFC é, justamente, o inverso do que vimos anteriormente. Quando aquele que empresta desembolsa os *R$ 100.000*, o tomador do empréstimo os embolsa. Quando o tomador do empréstimo paga as parcelas, aquele que empresta as recebe. Essa conta já foi feita:

PV = R$ 107.791,02.

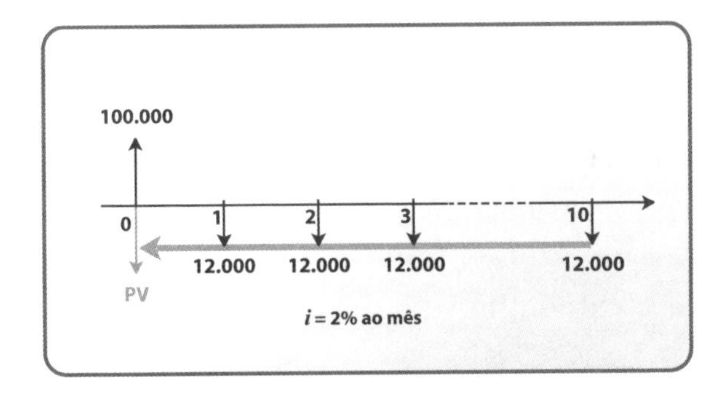

Ao tomar emprestado os *R$ 100.000*, o tomador se compromete a pagar *10* parcelas de *R$ 12.000*. Essas *10* parcelas de *R$ 12.000*, à taxa disponível para empréstimos em seu banco, equivalem a *R$ 107.791,02*. Ou seja, tomar emprestado significa embolsar *R$ 100.000* na data *0* para desembolsar o equivalente a *R$ 107.791,02* na mesma data. Logo:

- *valor presente das entradas de caixa = R$ 100.000;*
- *valor presente das saídas de caixa = R$ 107.791,02.*

Só houve uma entrada, que ocorreu justamente na data *0*. Observe:

valor presente das entradas de caixa – valor presente das saídas de caixa = R$ 100.000 – R$ 107.791,02 = *– R$ 7.791,02*.

Como o valor presente líquido foi negativo, não vale a pena tomar emprestado a nós. Vale mais a pena tomar emprestado ao banco, à taxa de *2% a.m.*

A operação de tomar emprestado a nós tem uma taxa interna de retorno igual a *3,46%*. Não importa de que lado se esteja avaliando. A taxa interna de retorno é da operação. Quem empresta recebe *3,46% a.m.* Quem toma paga *3,46% a.m.* Desse modo, pode-se definir outro conceito importante: o de taxa máxima de atratividade. O potencial tomador do empréstimo já dispõe de um empréstimo no banco e pagará *2% a.m.* A operação que está fechando – ou não – conosco é uma alternativa: tomar emprestado *R$ 100.000* para pagar as *10* parcelas de *R$ 12.000* nas condições especificadas. Essa alternativa só vai interessar se a taxa de juros cobrada for inferior à taxa de juros já garantida pelo empréstimo no banco. Se a taxa de juros intrínseca à operação avaliada for menor do que *2% a.m.*, é mais atrativo tomar emprestado a nós; se a taxa de juros for superior a *2% a.m.*, então é mais vantajoso tomar emprestado ao banco, e foi justamente o que aconteceu.

Considerando o exemplo anterior, se a taxa interna de retorno for inferior a *2% a.m.*, vale a pena tomar emprestado a nós. Se a TIR for superior a *2% a.m.*, não vale a pena. A taxa de *2% a.m.* é a maior taxa de rendimento que o potencial tomador aceita pagar na operação de empréstimo que está sendo avaliada. Por isso, essa taxa é chamada de taxa máxima de atratividade (TMA). Se a TIR for igual à TMA, tanto faz; deve-se basear a escolha em fatores adicionais. O critério de avaliação pelo método da taxa interna de retorno é:

- *TIR < TMA = investimento atrativo;*
- *TIR > TMA = investimento não atrativo.*

Critérios para quem empresta

Ao avaliar do ponto de vista de quem empresta, utiliza-se o critério:

- se *TIR > TMA = investimento atrativo;*
- se *TIR < TMA = investimento não atrativo.*

Ao avaliar do ponto de vista de quem toma emprestado, o critério muda:

- se *TIR < TMA = investimento atrativo;*
- se *TIR > TMA = investimento não atrativo.*

O grande fato esclarecedor é que TMA não quer dizer a mesma coisa nos dois critérios. Para o primeiro critério, TMA é *taxa mínima de atratividade*, pois quem empresta exige um mínimo de rentabilidade para aceitar um investimento alternativo. Quem toma emprestado só aceita esse investimento até uma taxa máxima, que não deixe que o valor supere o valor do investimento de que ele já dispõe. Pode-se observar que é mais interessante avaliar pelo *VPL*.

EM RESUMO

Para quem empresta, vale a pena avaliar o investimento pelo VPL. Para quem toma emprestado não vale. Vale a pena para uma parte e não vale a pena para a outra parte.

Os negócios acontecem na economia porque, normalmente, a taxa mínima de atratividade de quem empresta é bem menor do que a taxa máxima de atratividade de quem toma emprestado. Se a TIR da operação em avaliação estiver entre essas duas taxas de referência, o negócio é atrativo para as duas partes. Se o potencial tomador garantir em seu banco o empréstimo de *R$ 100.000* à taxa de *6% a.m.*, a operação de empréstimo passa a ser mais vantajosa do que com o banco, pois:

3,46% a.m. = TIR < taxa máxima de atratividade = 6% a.m. Logo, é melhor pagar uma taxa de *3,46% a.m.* do que pagar 6% *a.m.* ao banco.

Pode-se chegar à conclusão de que é melhor pagar uma taxa de *3,46% a.m.* do que pagar *6%* via valor presente líquido. Suponha que o potencial tomador do empréstimo dispusesse mensalmente de, no máximo, *R$ 12.000* para pagar as *10* prestações de um empréstimo. Que quantia poderia ser tomada, já que o banco cobra uma taxa de *6% a.m.*? Pagando *10* prestações de *R$ 12.000*, o tomador só conseguiria *R$ 88.321,04* de empréstimo no banco. Pode-se, também, entender esse valor como o capital na data *0* equivalente às *10* saídas de caixa de *R$ 12.000*. No diagrama de fluxos de caixa, a interpretação é a seguinte:

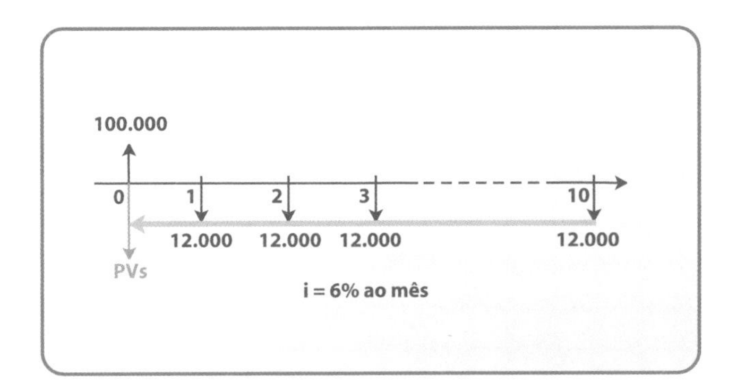

Logo:

- valor presente das entradas de caixa = R$ 100.000;
- valor presente das saídas de caixa = R$ 88.321,04.

Só houve uma entrada, justamente na data *0*: *VPL = valor presente das entradas de caixa – valor presente das saídas de caixa = R$ 100.000 – R$ 88.321,04 = R$ 11.678,96.*

Como o valor presente líquido foi positivo, tomar os *R$ 100.000* emprestado é uma operação atrativa.

Agora, competindo com o empréstimo de *R$ 100.000*, existe a possibilidade de emprestar *R$ 140.000* a outra pessoa para receber *10* parcelas mensais e sucessivas de *R$ 16.500*, já a partir do próximo mês. O que se deve preferir? Qual dos empréstimos é mais interessante?

COMENTÁRIO

Encara-se o problema do empréstimo de *R$ 100.000 versus* o empréstimo de *R$ 140.000* de outra forma. Pode ser que alguém pense do seguinte modo: o VPL do segundo empréstimo é maior; entretanto, esse empréstimo exige maior investimento inicial. Se optar pelo empréstimo de *R$ 100.000*, ainda restariam, por premissa, *R$ 40.000* a investir no que quisesse. Mas não é bem assim. É verdade que, para poder avaliar os dois empréstimos, deve haver, disponíveis, *R$ 140.000*. É verdade também que os *R$ 40.000* ficarão livres. Só não é verdade que conseguirá investir os *R$ 40.000* em qualquer coisa.

Os *R$ 40.000* só têm a rentabilidade do CDB garantida. Se conseguisse uma taxa superior a *2% a.m.* para a aplicação dos *R$ 40.000*, também seria possível conseguir pelo menos essa taxa para a aplicação dos *R$ 140.000* inteiros. Nesse caso, os VPLs calculados anteriormente estariam *furados*, já que a TMA teria mudado. A aplicação para os *R$ 40.000* seria, portanto, somente a *2% a.m.* Aplicando *R$ 40.000* no CDB, conseguir-se-ia sacar, durante *10* meses, a quantia de *R$ 4.453,06*. O DFC do exemplo é o seguinte:

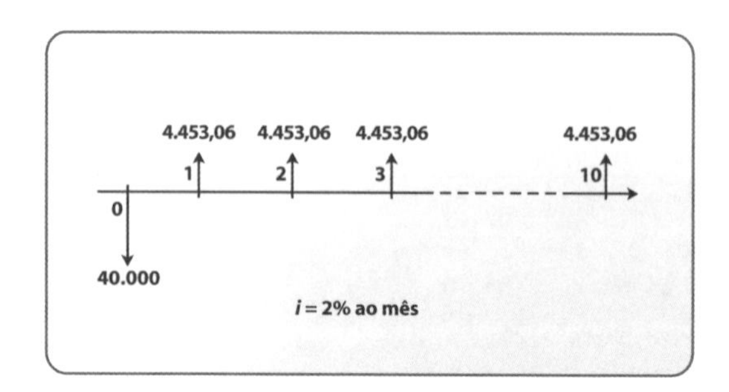

Optando pelo empréstimo de *R$ 100.000* para receber *10* parcelas de *R$ 12.000*, ainda seria possível aplicar os *R$ 40.000* restantes no CDB e retirar *10* parcelas de *R$ 4.453,06*. Juntando tudo, seriam desembolsados *R$ 140.000*, ou seja, *R$ 100.000 do empréstimo + R$ 40.000 na aplicação em CDB*, e embolsadas *10* parcelas mensais de R$ 16.453,06: *R$ 12.000 do empréstimo + R$ 4.453,06 do CDB*.

Assim, a comparação das propostas é:

Proposta 1 de empréstimo:

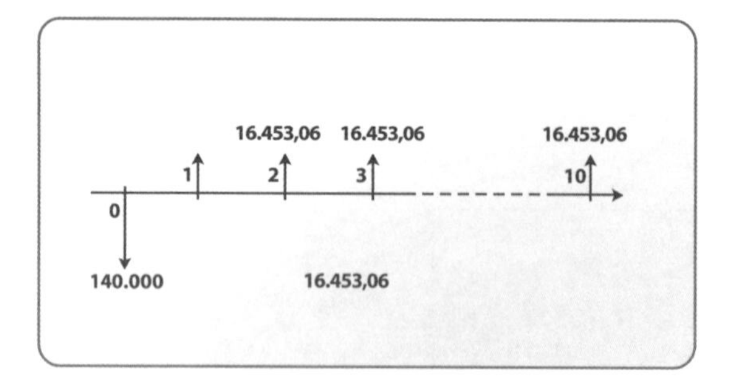

Proposta 2 de empréstimo:

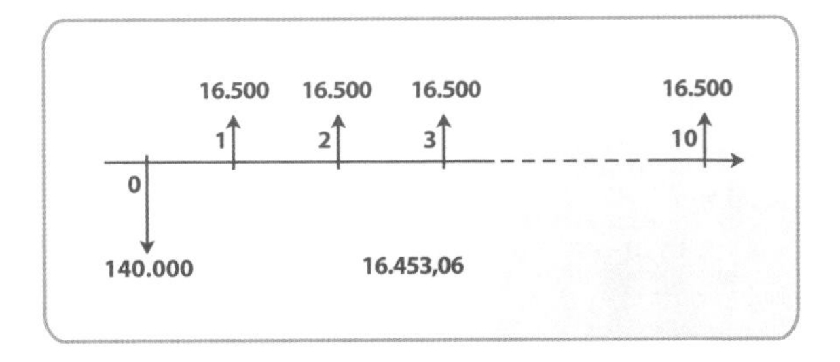

Encarando dessa forma, constata-se que:

- os valores iniciais investidos são iguais;
- o número de prestações é igual;
- os prazos são iguais para as duas propostas.

Agora basta avaliar em qual das propostas as parcelas são maiores. Nesse caso, é a proposta 2 – empréstimo dos R$ 140.000 inteiros.

Ainda existe outra maneira de perceber por que a proposta *2* é mais atrativa – a análise incremental. A tabela a seguir expõe os valores referentes aos fluxos de caixa dos dois empréstimos e os resultados de VPL e TIR. A última coluna apresenta o incremento, a diferença entre as duas propostas, ou seja, proposta 1 – proposta 2.

ANÁLISE INCREMENTAL

Análise das diferenças entre dois projetos.

Meses	Proposta 1	Proposta 2	Incremento
0	(100.000)	(140.000)	(40.000)
1	12.000	16.500	4.500
2	12.000	16.500	4.500
3	12.000	16.500	4.500
4	12.000	16.500	4.500
5	12.000	16.500	4.500
6	12.000	16.500	4.500
7	12.000	16.500	4.500
8	12.000	16.500	4.500
9	12.000	16.500	4.500
10	12.000	16.500	4.500
VPL	7.791,02	8.212,65	421,63
TIR	3,46%	3,10%	2,2009%

Na data *0*, percebe-se:

–140.000 – (–100.000) =

= –140.000 + 100.000 =

= *–40.000*

Da data *1* em diante, tem-se:

16.500 – 12.000 = *4.500*

Como interpretar tais informações? A coluna *incremento* representa um projeto à parte, em que se investiriam *R$ 40.000* para receber *10* parcelas mensais de *R$ 4.500*. O *VPL* e a *TIR* já foram calculados. Observe:

- *VPL = 421,63 > 0 = investimento atrativo;*
- *TIR = 2,2009% a.m. > 2% a.m. = taxa mínima de atratividade = investimento atrativo.*

COMENTÁRIO

Pelos *dois* métodos, esse projeto é interessante. Esse projeto significa trocar a proposta *1* pela proposta *2*.

O empréstimo de *R$ 100.000* é atrativo. Agora deve-se avaliar se o empréstimo de *R$ 140.000* é ainda melhor. Valeria a pena desembolsar *R$ 40.000* a mais hoje, para receber todo mês *R$ 4.500* a mais, durante *10* meses? Já se comprovou que vale a pena. Portanto, a proposta *2* é melhor do que a proposta *1*. Conclui-se, então, que a escolha ao comparar investimentos recai sobre o critério do VPL.

Para que taxa mínima de atratividade, se os dois empréstimos seriam equivalentes? Se são equivalentes, tanto faz um ou outro. Isso só é possível, no entanto, se seus VPLs forem iguais.

- *VPL (proposta 2) = VPL (proposta 1);*
- *VPL (proposta 2) – VPL (proposta 1) = 0.*

O valor presente líquido tem a seguinte propriedade: a diferença entre os VPLs de duas propostas é igual ao VPL da diferença entre as duas propostas. A diferença entre duas propostas é o incremento. Resolver a questão significa encontrar a taxa que zera o VPL do incremento. O incremento e os resultados de VPL (para TMA = 2% a.m.) e TIR:

Meses	Incremento
0	(40.000)
1	4.500
2	4.500
3	4.500
4	4.500
5	4.500
6	4.500
7	4.500
8	4.500
9	4.500
10	4.500
VPL	421,63
TIR	2,2009%

Se a TMA aumenta, o retorno mínimo exigido para avaliar a atratividade de um projeto também aumenta. Consequentemente, fica mais difícil encontrar projetos interessantes. Para *TMA = 2% a.m.*, o incremento era interessante. Sua TIR era maior do que a TMA, além, obviamente, de o VPL ser positivo. Para *TMA = 2,1% a.m.*, o incremento continuaria interessante. A TIR continuaria maior do que a *TMA = 2,2009% a.m. > 2,1% a.m.* O VPL, por sua vez, continuaria positivo, já que o incremento era atrativo. Assim como a diferença entre a TIR e a TMA diminuiu, a diferença entre um VPL positivo e um *VPL = 0* também diminuiu. Em outras palavras, o limite entre ser ou não ser atrativo ficou mais próximo tanto no critério da TIR quanto no critério do VPL. Já não há mais tanta folga.

Caso especial – exemplo

A empresa Fraudesa precisa escolher entre dois softwares antivírus. Ambos são igualmente eficientes. O software *A* tem a vantagem de ser mais barato – sua licença custa menos do que a do software *B*. Já o software *B* tem vida útil mais longa e menores custos anuais de atualização. A tabela a seguir resume essas informações:

Software	0	1	2	3	4
A	R$ 600	R$ 150	R$ 150	R$ 150	
B	R$ 800	R$ 120	R$ 120	R$ 120	R$ 120

Para ficar protegida com o antivírus *A*, que tem vida útil de três anos, a empresa Fraudesa precisa desembolsar *R$ 600* e pagar, anualmente, *R$ 150* ao final de cada ano da vida útil do software. Se optar pelo antivírus *B*, precisará pagar *R$ 800*, seguidos de *quatro* prestações de *R$ 120*.

EXEMPLO

O propósito do exemplo de a empresa escolher entre dois softwares é, simplesmente, o de ajudar a compreender o que pode ser feito quando se comparam projetos com vidas úteis diferentes. É isso que faz desse exemplo um caso especial. Não é preciso entrar no mérito contábil da questão. Desse modo, pode-se ter acesso *gratuito* às atualizações do antivírus ao longo do ano que passou.

Na data *0*, a empresa compra a licença. Dessa forma, está protegida pelos anos de vida útil. Mas só isso não dá direito às atualizações. Essas atualizações podem ser necessárias desde a primeira semana de uso. Comprometendo-se a pagar os custos de atualizações ao final de cada ano, a empresa garante esse direito. O que fazer? Como comparar esses dois projetos? O que acontece, no exemplo proposto, é que, ao contratar o software *A*, a empresa paga a licença e se compromete a pagar *R$ 150* ao final de cada ano. Optar pelo software *A* é mais barato no início, contudo, demanda custos anuais maiores. Pior do que isso, a empresa fica desprotegida ao longo do quarto ano. Como mensurar o risco de passar um ano sem proteção? É uma economia que pode sair bem mais cara. Uma maneira de resolver esse impasse é supor que os projetos são renováveis.

A licença termina na data *3*. Essa data indica o final do terceiro ano. Os projetos, na verdade, são mesmo renováveis. Afinal de contas, optando pelo software *A* ou pelo *B*, a empresa deve sempre comprar novas licenças para ficar protegida durante os anos em que operar. Desse modo, ao final do terceiro ano – que se confunde com o início do quarto ano –, a empresa deverá comprar outra licença do software *A*, se tiver optado por ele. Caso a empresa tenha optado pelo software *B*, deverá comprar outra licença ao final do quarto ano – data que se confunde com o início do ano *5*. Isso tudo para não ficar desprotegida um dia sequer. Quando a segunda licença terminar, a empresa comprará novamente. E assim por diante, durante todos os anos em que mantiver suas operações. Comprando o software *A* pela segunda vez, a empresa fica protegida até o final do ano *6*. Comprando pela terceira vez, ela garante proteção até o final do ano *9*. Outra compra e ficará protegida até o final do ano *12*. Ao comprar a segunda licença do software *B*, a empresa fica protegida até o final do ano *8*. Comprando outra licença nessa data, a empresa ficará protegida até o final do ano *12*. Com *quatro* licenças seguidas de software *A*, a empresa fica protegida pelo mesmo tempo que ficaria se comprasse *três* licenças sucessivas do software *B* = *12* anos. A tabela a seguir mostra o resumo dos fluxos para esses *dois* antivírus e os fluxos do software *A*.

Anos	1ª licença	2ª licença	3ª licença	4ª licença	Fluxos anuais
0	600				600
1	150				150
2	150				150
3	150	600			750
4		150			150
5		150			150
6		150	600		750
7			150		150
8			150		150
9			150	600	750
10				150	150
11				150	150
12				150	150

Ao final do ano *3*, a empresa precisa pagar pelas atualizações daquele ano. No início do ano *4*, a empresa precisa comprar a segunda licença. As datas do final do ano *3* e início do ano *4* estão separadas por horas apenas – final do dia 31 de dezembro para o início do dia 1º de janeiro. Como essas datas se confundem, somam-se os desembolsos dos fluxos anuais. O mesmo vale para o final dos anos *6* e *9*. No final do ano *12*, além do pagamento dos custos de atualizações, a empresa pagaria a compra da quinta licença. Para a avaliação, a quinta licença não é necessária. Bastam *quatro* licenças para atingir o primeiro prazo, que também pode ser atingido com licenças do software *B*, observando que *12* é o mínimo múltiplo comum (MMC) entre *3* e *4*. Resume-se dessa forma o fluxo do software *B*:

Anos	1ª licença	2ª licença	3ª licença	Fluxos anuais
0	800			800
1	120			120
2	120			120
3	120			120
4	120	800		920
5		120		120

Anos	1ª licença	2ª licença	3ª licença	Fluxos anuais
6		120		120
7		120		120
8		120	800	920
9			120	120
10			120	120
11			120	120
12			120	120

Ao final do ano *4*, a empresa precisa pagar pelas atualizações do ano e, no início do ano *5*, comprar a segunda licença. Como datas se confundem, somam-se os desembolsos na coluna fluxos anuais. O mesmo vale para o final do ano *8*. No final do ano *12*, além do pagamento dos custos de atualizações, a empresa pagaria a compra da quarta licença. Essa licença, contudo, não deve entrar na avaliação, visto que as três primeiras já atingem o MMC. É necessário comparar, então, as duas colunas de fluxos anuais, supondo uma TMA de *10% a.a.*

Fluxos do software A	
Anos	**Fluxos anuais**
0	600
1	150
2	150
3	750
4	150
5	150
6	750
7	150
8	150
9	750
10	150
11	150
12	150

Fluxos do software B	
Anos	**Fluxos anuais**
0	800
1	120
2	120
3	120
4	920
5	120
6	120
7	120
8	920
9	120
10	120
11	120
12	120

Fluxos do software *A* pela HP-12C:

600 <g> <CF_0>
150 <g> <CF_j>
2 <g> <N_j>
750 <g> <CF_j>
150 <g> <CF_j>
2 <g> <N_j>
750 <g> <CF_j>
150 <g> < CF_j>
2 <g> <N_j>
750 <g> <CF_j>
150 <g> <CF_j>
3 <g> <N_j>
10 <i>
<f> <NPV>
No visor, aparece *2665,99.*

Fluxos do software *B* pela HP-12C:

800 <g> <CF_0>
120 <g> <CF_j>
3 <g> <N_j>
920 <g> <CF_j>
120 <g> <CF_j>
3 < g> <N_j>
920 <g> <CF_j>
120 <g> <CF_j>
4 < g> <N_j>
10 <i>
<f> <NPV>
No visor, aparece *2537,26*.

Escolhe-se o software *B* porque, dessa forma, desembolsa-se o menor valor ao longo dos *12* anos estudados, quando esses valores são trazidos para o valor presente à taxa de *10% a.a.* Tanto na HP-12C, quanto no Excel, consideram-se os fluxos como positivos, apesar de todos eles serem custos e, portanto, desembolsos. Dessa forma, o resultado final deve ser interpretado como desembolso, mesmo que não tenha o sinal de negativo. Por isso, escolheu-se o software *B* em que há um desembolso de *R$ 2.537,26* contra *R$ 2.665,99* do software *A*. Pela HP-12C, principalmente, é bem mais fácil entrar com os dados positivos e entender o resultado como negativo do que, a cada fluxo inserido, ter de teclar <CHS>. Para essa avaliação, não é possível calcular a TIR, já que os fluxos são todos de mesmo sinal. Não há, portanto, a possibilidade de equilíbrio, qualquer que seja a taxa. Avaliação, nesses casos, só via VPL.

Vamos, agora, encontrar o VPL e a TIR de dois projetos (*A* e *B*) com as seguintes características:

Taxa mínima da atratividade = 10% a.a.		
Anos	**Projeto A**	**Projeto B**
0	(100.000,00)	(100.000,00)
1	50.000,00	10.000,00
2	30.000,00	30.000,00
3	20.000,00	30.000,00
4	10.000,00	30.000,00
5	10.000,00	40.000,00
6	10.000,00	50.000,00

O DFC é o seguinte:

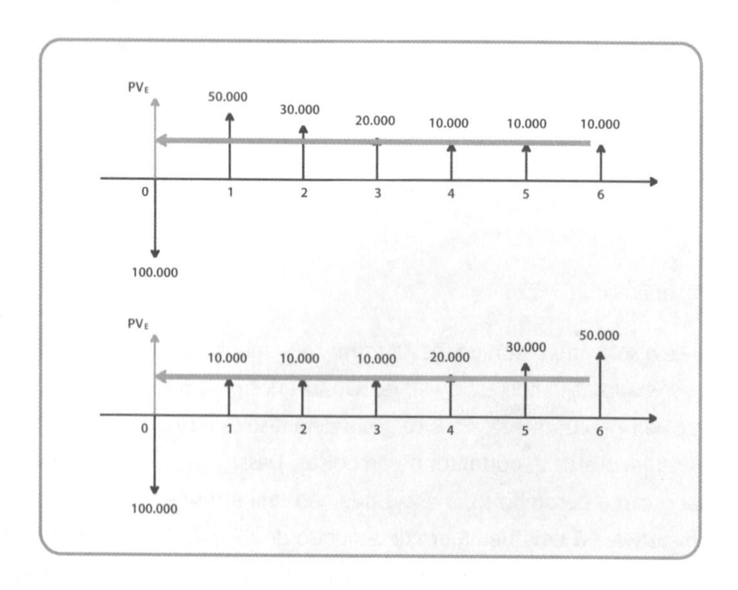

Cálculo pela HP-12C:

Projeto A

100000 <CHS> <g> <CF_0>

50000 <g> <CF_j>

30000 <g> <CF_j>

20000 <g> <CF_j>

10000 <g> <CF_j>

3 <g> <N_j>

10 <i>

<f> <NPV>

No visor, aparece *3958,32*.

<f> <IRR>

No visor, aparece 11,94, isto é, TIR = *11,94% a.a.*

Projeto B

100000 <CHS> <g> <CF_0>

10000 <g> <CF_j>

30000 <g> <CF_j>

3 <g> <N_j>

40000 <g> <CF_j>

50000 <g> <CF_j>

10 <i> <f> <NPV>

No visor, aparece *29974,69*.

<f> <IRR>

No visor, aparece 17,92, isto é, TIR = *17,92% a.a.*

Para se encontrar o VPL pelo Excel, primeiramente, é preciso inserir todos os fluxos de caixa do investimento em linhas sucessivas de uma coluna. Para isso, utiliza-se a coluna da célula *B3* à célula *B9*. Na célula *B3*, escreve-se *-100000* e, nas demais células, escreve-se *50000*, *30000*, *20000*, *10000*, *10000*, *10000*. Seleciona-se, com o cursor, a célula *B10*. Nela aparece o resultado do *valor presente líquido*. Clica-se no ícone <*fx*>, insere-se função. Seleciona-se a categoria *FINANCEIRA*. Seleciona-se a função VPL (valor presente líquido). Clica-se <OK>. No espaço denotado por *TAXA*, escreve-se *0,10* ou *10%*. No espaço *VALOR 1*, inserem-se as células *B4* a *B9*, selecionando-as, de uma só vez, com o cursor. Não é preciso usar o espaço denotado por *VALOR 2*. Como todos os fluxos de caixa da *data 1* em diante estão em linhas sucessivas, é possível inseri-los todos de uma vez no espaço *valor 1*. Se os fluxos de caixa estivessem espalhados pela planilha, seriam necessários os espaços *valor 2*, *valor 3*, *valor 4*..., que apareceriam automaticamente.

O *valor 1* deve ser entendido como o espaço destinado ao fluxo de caixa da *data 1* ou, então, aos fluxos de caixa da *data 1* em diante – no caso de eles estarem juntinhos na planilha. Esse espaço denotado por taxa é destinado à taxa mínima ou máxima de atratividade, dependendo do lado da operação em que você esteja. Após inserir a TMA e os fluxos futuros de caixa, pode-se clicar <OK>. Na célula *B10*, aparece o valor *R$ 103958,32*. Esse é o capital, na *data zero*, equivalente às seis entradas de caixa, da data 1 à *data 6*. A função VPL do Excel retorna o valor presente dos fluxos futuros. Aparentemente, não há espaço reservado para o fluxo de caixa da data 0.

Para encontrar o valor presente líquido propriamente dito, é preciso subtrair o valor presente das saídas. Vale lembrar que, na linha de fórmula – linha à direita do ícone *<fx>* –, está escrito = *VPL (10%,B4:B19)*. Clicando nesse espaço, acrescenta-se a seguinte parcela a essa fórmula: + *B3*. É preciso subtrair o investimento inicial. Entretanto, soma-se o valor da célula *B3*. Isso ocorre porque o valor inserido na célula *B3* está com sinal de negativo. A fórmula se transforma em:

= *VPL (10%,B4:B9) + B3*.

Pressiona-se <Enter> no teclado e a solução aparece na célula *B10*: *R$ 3958,32*.

Encontrar a taxa interna de retorno (TIR) pelo Excel é mais simples. Para isso, seleciona-se a célula *B11*. Clica-se no ícone *<fx>*, insere-se função. Seleciona-se a categoria *FINANCEIRA*. Seleciona-se a função TIR (taxa interna de retorno). Clica-se <OK>. No espaço denotado por *VALORES*, inserem-se todos os fluxos de caixa do investimento – inclusive, o fluxo de caixa inicial –, selecionando-os com o cursor. Diferentemente da função VPL, a função TIR também leva em consideração o fluxo de caixa da *data 0*. A função TIR precisa de todos os fluxos para calcular a taxa de juros intrínseca ao investimento. Deixa-se o espaço denotado por *ESTIMATIVA* em branco. Clica-se <OK> ou pressiona-se <Enter> no teclado. A solução *11,94%* aparece automaticamente na célula *B11*. Se só aparecer o valor 12%, basta aumentar o número de casas decimais.

Para se calcular o VPL e a TIR do projeto *B* pelo Excel, a solução pela HP-12C é *VPL = R$ 29.974,69* e *TIR = 17,92%*. O projeto *B* possui VPL superior ao projeto *A*. Além disso, o projeto *B* possui uma remuneração mais elevada. Fica claro que o projeto *B* é mais atrativo.

Há um caso que só pode ser resolvido pelo método do VPL, considerando o investimento constituído dos seguintes fluxos de caixa:

Anos	Fluxos
0	80.000
1	–150.000
2	15.000
3	15.000
4	16.000
5	16.000
6	50.000

Avalia-se se o investimento é atrativo, considerando uma TMA de 35% a.a.

Pela HP-12C:

80000 <g> <CF_0>
150000 <CHS> <g> <CF_j>
15000 <g> <CF_j>
15000 <g> <CF_j>
16000 <g> <CF_j>
16000 <g> <CF_j>
50000 <g> <CF_j>
35 <i>
<f> <NPV>
No visor, aparece *–138,96.*

COMENTÁRIO

O investimento nessas condições não é atrativo. E se a TMA fosse igual a *50% a.a.*? Intuitivamente, pensa-se que o investimento seria ainda pior. Se já não era atrativo quando o capital custava *35% a.a.*, tanto pior seria quanto mais caro custasse o dinheiro! Esse pensamento, no entanto, é enganoso. Este caso é especial.

Como os fluxos já estão na memória da HP, basta mudar o valor da taxa e pedir novamente o VPL. Digita-se:

50
<f> <NPV>

No visor, aparece *768,18*. O caso é que os fluxos desse projeto têm algo de especial em relação aos fluxos vistos até agora. Os demais projetos apresentavam um fluxo negativo na *data 0* e, daí por diante, apenas fluxos positivos. Havia só uma inversão no sentido dos fluxos. O projeto que se está avaliando:

- Inicia-se (*data 0*) com um fluxo positivo;
- tem fluxo negativo na *data 1*;
- possui fluxos novamente positivos a partir da *data 2*.

Há duas inversões no sentido dos fluxos – de positivo para negativo e, posteriormente, de negativo para positivo. Por isso, pode existir mais de uma TIR para esse projeto.

O gráfico a seguir, do VPL em função da TMA, ajuda a entender o que acontece quando há mais de uma inversão dos fluxos. Para alguns valores da TMA – entre *35%* e *45%*, aproximadamente –, o projeto apresenta VPL *negativo*. Para os demais valores, o VPL é *positivo*. Quando isso acontece, fica difícil interpretar a atratividade pelo método da TIR. É melhor calcular o VPL. Sendo *positivo*, o investimento é atrativo; sendo *negativo*, o investimento não é atrativo.

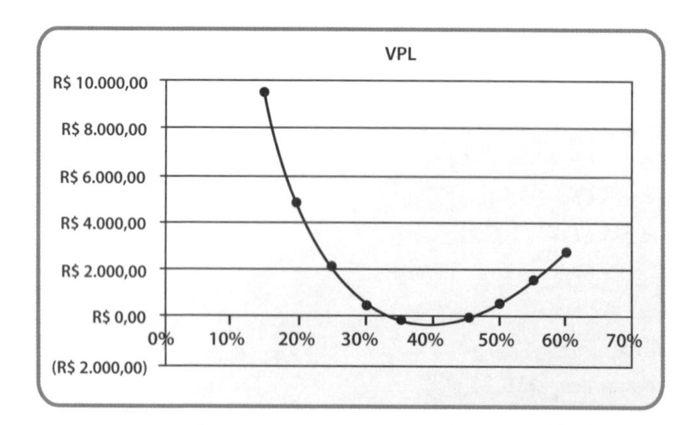

EXEMPLO

Uma empresa está avaliando os seguintes projetos mutuamente excludentes:

Ano	Projeto A	Projeto B
0	–140	–140
1	100	20
2	60	20
3	30	180

O que se pretende é avaliar qual dos dois projetos é mais atrativo. No entanto, não se pode avaliar a atratividade sem a TMA. A TMA não foi apresentada porque o objetivo do exemplo é observar o desempenho financeiro dos dois projetos para várias simulações de TMA. Como são projetos bastante diferentes – o projeto *A* tem grande fluxo positivo no primeiro ano, enquanto o projeto *B* tem grande fluxo positivo no último ano –, é intuitivo perceber que, quanto maior for a TMA, pior será para o projeto *B*.

Traçando um gráfico do VPL de cada projeto em função da TMA:

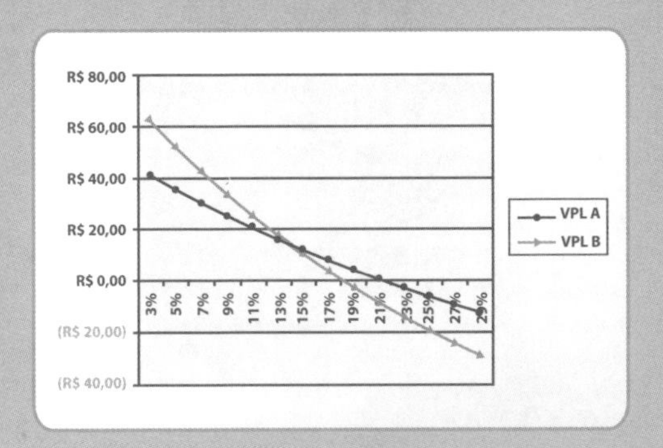

Para valores de TMA entre *13%* e *15% a.a.*, vamos denotá-la por *TMA**. Nesse caso, os VPLs são iguais. Tanto faz um quanto outro projeto, ambos são igualmente atrativos financeiramente. Para TMAs menores que *TMA**, o projeto *B* é mais atrativo. Para TMAs maiores que *TMA**, o projeto *A* é mais atrativo. Para encontrar o valor da *TMA**, é preciso avaliar o projeto *diferença entre os projetos A e B*. Cada fluxo anual do projeto diferença é composto pela diferença entre os fluxos anuais dos projetos *A* e *B*, ano a ano:

Proj. A – Proj. B
0
80
40
–150

Se o projeto diferença for atrativo (VPL positivo), o projeto *A* será mais atrativo que o projeto *B*. A TIR desse projeto – assim como a TIR de qualquer projeto – faz com que o VPL seja nulo.

Nesse caso, os dois projetos serão igualmente atrativos. Pela HP-12C:

0 <g> <CF_0>

80 <g> <CF_j>

40 <g> <CF_j>

150 <CHS>

<g> <CF_j>

<f> <IRR>

No visor, aparece *14,19*. A TMA que faz com que os dois projetos sejam equivalentes é *14,19% a.a.*

Sobre o autor

Professor do corpo docente do mestrado profissional em administração da Universidade Potiguar (UNP), em Natal (RN), onde ministra as disciplinas métodos quantitativos e finanças corporativas, orienta monografias e dissertações e é o editor da *Revista Científica Mestrado em Administração – RAUnP*. Professor dos cursos de MBA do IBMEC-Rio, autor de cursos para o Programa de Certificação de Qualidade Ebape/FGV, para o FGV Online e para o Canal FGV, de vários artigos científicos e dos livros *Dicionário de custos* (Atlas, 2004), *Os 12 mandamentos da gestão de custos* (FGV, 2007) e *Curso de contabilidade de custos* (Atlas, 2010). Nos últimos anos, apresentou artigos em congressos nacionais e internacionais e palestras e cursos na Universidade Carlos III, na Espanha, e na École Superieure des Affaires, na França.